模型づく

スターリングエンジン

第2版

岩本昭一［監修］ 濱口和洋・戸田富士夫・平田宏一［共著］

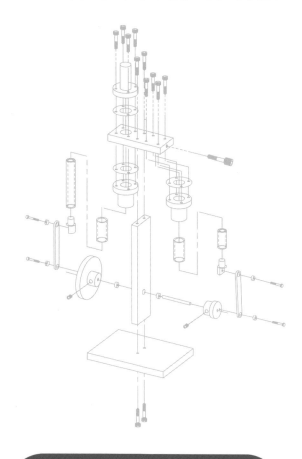

Ohmsha

まえがき

　本書は，模型スターリングエンジンを設計・製作するためのマニュアルであり，これからスターリングエンジンを学ぼうとする人たちのための入門書です．スターリングエンジンは外燃機関であるため，多種・多様な熱源を利用できるので，特に化石燃料の無制限な消費量増大による地球規模での環境汚染や温暖化が大問題になっている昨今，その対策用として各方面から注目されているエンジンです．

　埼玉大学工学部機械工学科の旧岩本研究室，明星大学理工学部機械システム工学科の濱口研究室，そして宇都宮大学教育学部の戸田研究室では，長年にわたって卒業研究の題材として，あるいは設計や加工などの授業の教材としてスターリングエンジンを取り入れてきました．特に模型スターリングエンジンは構造が簡単であるため，身近にある材料と工具とを使って誰でも容易に設計・製作することができるので，学生たちにこのエンジンを自作させ，これを動かして教員ならびに学生一同の皆で楽しんでいます．それによって，熱が機械的な仕事に変換される仕組みを容易に理解させることができると同時に，物づくり（物作り，物造り，物創り）の楽しさも味わえます．このような経験から，模型スターリングエンジンは，想像力豊かな感性を持った研究者・技術者を養成するための優れた教材である，と考えています．

　著者らは，教育の現場でスターリングエンジンを教材にして，「教育と研究」に携わってきたベテランたちで，本書はそこでの実践と経験とを基にして書かれたものであり，ここで紹介されている数多くのいろいろな形式の模型エンジンは実際に製作されたもので，本当に動くエンジンです．そして，本書の内容は，スターリングエンジンの基礎理論と設計・製作するための手法，すなわち「理論と実際」の基礎がひととおり述べられていますので，入門書としては最適な著書である，と自負しています．

　そこで，スターリングエンジンを基礎からしっかりと学びたいという方々は，次の事項を必ずお守りください．

1. 本書を最初からじっくりと順を追って読み，スターリングエンジンの理論と構造とをしっかりと頭の中に入れること．
2. 例題の設計・製作のマニュアルに従って，読者自らの手で必ず模型エンジンを1台以上製作すること．
3. 自作したエンジンを運転し，動力測定ならびに性能評価をすること．

　この3点を実行すれば，スターリングエンジンとはどんなエンジンであるかを会得することができ，「理論と実際」の基礎がひととおりマスターできることを保証します．

　一方，技術発達の歴史は「最初に実物ありき」であって，実物（エンジン）が先にできてしまって，その機能や性能を説明したり，さらなる改良と開発のために理論がその後を追いかけて発展してきた，という経緯をたどっています．スターリングエンジンとはどのようなエンジンであるか，一刻も早く知りたいというお急ぎの方は，まずいきなり第5章をお読みください．そして，そこに書かれている例題のマニュアルに従って，必ず1台模型エンジンを自作し，これを運転してみてください．できれば動力測定も行い，性能

評価してください．これだけでも，スターリングエンジンとはどんな仕組みによって動く
のか，実感できるはずです．その後，第2章から第3章へと読み進めば，作動原理や基
礎理論も容易に理解できるようになるでしょう．

　以上，いずれの方法によって学ばれても結構ですが，文字で得た知識，すなわちイメー
ジとして描いたエンジンでは，所詮「絵に画いた餅」でしかありません．これを具現化し
なければ無意味であって，スターリングエンジンとはどんなエンジンであるか，というこ
とが実感できないので，本当に会得したことにはなりません．したがって，本書に取り組
まれた読者諸氏は，必ず模型エンジンを1台自作することをお勧めいたします．

　上述のように，本書は模型づくりを通じてスターリングエンジンを学ぶための入門書です
が，また同時に出門書でもあります．本書で学ばれた後，さらに程度の高い専門書によって
深く学ばれるとよいのですが，スターリングエンジンに関する専門書は非常に数少なく，ま
だ著書となるようなデータベースが十分に整理されていないのが現状です．しかし，研究論
文や解説記事などは数多く発表されており，その代表的なものは各章末に参考文献として掲
載していますので，本書より出門された方々は，それら個々の文献などによってさらに研鑽
され，スターリングエンジンに対する造詣を深めていただくことを切に希望します．

　2009年3月吉日

監修・著者代表　岩　本　昭　一

第2版にあたって

　本書の初版が発行されたのが 2009 年，それから 14 年が経過し 10 刷に至った．この間，スターリングエンジンを取り巻く状況が大きく変化しています．特に，その後の用途開発状況と実用エンジンの進展にこれまでとは違った様相が見られています．

　第2版では，主に1章と6章に手を加え，できるだけ欧米のみならず日本におけるここ十数年の開発状況の変化を加筆することとしました．また，他の章における必要箇所にも加筆修正を加えています．第2版となった本書が少しでも新たな情報を知って頂ける参考書になれば幸いです．

　また，読者諸氏には，スターリングエンジンの動作原理のみならず，新たに加えた歴史や開発の状況，そして実用化や用途開発の事例について学び，初版時の監修者であった岩本昭一先生が述べられているように，自らが一台の模型スターリングエンジンを設計製作することをお勧めいたします．

　この第2版作成時には，初版時の監修者であった岩本昭一先生が 2021 年 3 月 5 日にご逝去されており，先生にご相談できなかったことを大変残念に思います．ここに，本第2版を岩本先生に献げます．

　この度の発行に際し，ご尽力いただきましたオーム社の皆様に改めて感謝申し上げます．

2023 年 12 月

著 者 一 同

目　　次

第 1 章　古くて新しいスターリングエンジン

第 2 章　スターリングエンジンの動作原理とその特徴

第3章　スターリングエンジンの基礎理論

第4章　教育用エンジン

第5章　模型スターリングエンジンの設計製作と性能評価

第6章　スターリングエンジンの用途事例

古くて新しい スターリングエンジン

　エンジン（熱機関）とは，熱エネルギーを動力に変換する一種のエネルギー変換装置である．エンジンには，その内部に圧力と容積変化を誘起する熱の出入りが必要である．このエンジンには，内燃機関と外燃機関がある．

　内燃機関には，モータバイク，自動車，船舶，そして飛行機の駆動源となるガソリンエンジン，ディーゼルエンジン，ガスタービン，ジェットエンジンなどがよく知られている．これらのエンジンは，燃焼室の中で燃料を燃焼させることによって得られる作動流体（燃焼ガス）の圧力上昇により動力を取り出すことができる．これに対して，外燃機関には，蒸気機関車，船舶，そして火力発電所の駆動源となるレシプロやタービンタイプの蒸気機関がよく知られている．蒸気機関は，作動流体になる水の相変化を利用しており，作動流体を外部から加熱・冷却することによって得られる圧力変動により動力を取り出すことができる．

　一方，スターリングエンジンは，シリンダ内に密封された作動流体（ヘリウム，水素など）の外部加熱と冷却により得られる圧力変動を利用して動力を取り出すことのできる外燃機関である．このエンジンは，蒸気機関と類似しているが，作動流体には二相流体ではなく単相の気体を使用している．ここにあげた各種エンジンの熱効率と出力との関係を図1.1に示す．

　図1.1からもわかるように，これまでに開発されたスターリングエンジンは，数W〜100kW程度の出力範囲内である．この出力範囲で，各エンジンの熱効率を比較すると，スターリングエンジンの優位性がわかる．

　ところで，スターリングエンジンを形成するスターリングサイクルは，正サイクルのエ

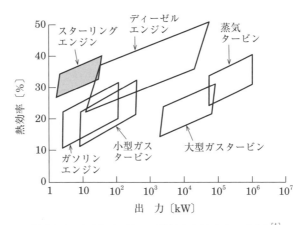

●図1.1　各種エンジンの熱効率と出力との関係[1]

ンジンに対して逆サイクルの冷凍機（ヒートポンプ），そしてその変形サイクルであるヴィルミエ冷凍機（ヒートポンプ）があり，エンジンとしてはいまだ市民権を得るに至っていないが，極低温用の冷凍機は商品化されている．本章では，スターリングエンジン開発の歴史，ならびに開発状況とともに関連機器の開発状況についても紹介する．

1.1 スターリングエンジン開発の歴史

スターリングエンジンは，1816 年，スコットランドの牧師であった Robert Stirling（当時 26 歳）により発明された．空気を作動流体（ガス）とした図 1.2 に示す熱空気エンジン（シリンダ長さ 2 m，直径 0.6 m，出力 1.5 kW）にその源を発する．その当時は，蒸気機関が隆盛であったが，多発したボイラー事故のため，熱効率は低いが安全性の高い大気圧空気を作動ガスとした熱空気エンジン，いわゆるスターリングエンジンが実用化された．

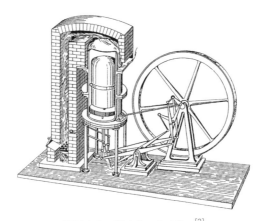

●図 1.2　熱空気エンジン[2]

本エンジンは，19 世紀後半に 3 000 台程度が製作されている．しかし，内燃機関が発明されると，その熱効率および重量当たりの出力の低さゆえ，熱空気エンジンは消滅する運命になった．ところが，発明から 210 年近くになる現在でも，本エンジンが注目されている．

スターリングエンジン開発の歴史は，次のとおりである．

① 1816 年：特許取得

Robert Stirling により，イギリス（スコットランド）特許 No.4081 が取得される．特許を取得したエンジンは，作動ガスに大気圧空気を使用している（図 1.2）．

② 〜1850 年ごろ：創世期

1843 年，Robert Stirling は，弟である James Stirling とともにエンジンの改良を図り，図 1.3 に示すエンジンにより熱効率を 8 ％から 18 ％に向上させた．本エンジンは，作動ガスに自己過給機を利用した高圧空気（1.2 MPa）が使用されているのが特徴であり，2 つのディスプレーサと 1 つのパワーピストンを有する複動（ダブルアクティング）形エンジンである．パワーピストンの直径とストロークは $\phi 406 \times 1\,220$ mm，作動ガス温度は高温側 589 K と低温側 311 K，そして出力は 45 PS（30 rpm）と称されている．

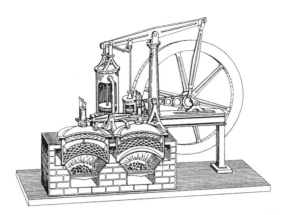

●図 1.3　複動（ダブルアクティング）形エンジン[3]

③　〜1910 年ごろ：低生産期→後退期

　　アメリカの J. Ericssan らにより揚水ポンプ，圧縮機などの用途に約 3 000 台
（0.5 〜 5 PS）生産された．しかし，過熱によるシリンダ壁の焼損，1876 年の N. A.
Otto による 4 サイクルガスエンジン，1883 年の G. Daimler による 4 サイクルガ
ソリンエンジン，そして 1893 年の R. Diesel によるディーゼルエンジンの発明に
より消滅することになった．

④　1940 年ごろ〜 1970 年ごろ：復興期

　　オランダの Philips 社は，1937 年一度消滅したスターリングエンジンの低振動
と低騒音に着目し，軍用携帯無線機電源としての小型発電機駆動用エンジンの開発
を開始した．同社により，出力取り出し機構としてロンビック機構，そしてシール
機構としてロールソックスシールが開発される．本シールの開発により，作動ガス
としてヘリウムや水素が使用されるようになり，熱効率が 33 〜 38 ％と飛躍的に向
上した．また，同社はアメリカの GM 社と提携し，自動車用エンジンの開発を行っ
た．

　　ロンビック機構を用いたディスプレーサ形 4 気筒エンジン（4-235）を図 1.4 に
示す．同エンジンはバスの動力源であり，作動ガスには 220 atm の水素を用い，
156 kW（3 000 rpm）の出力と最高熱効率 33 ％（1 300 rpm）の性能を有していた．
　　一方，Philips 社は，スターリングエンジンの逆サイクルであるスターリング冷

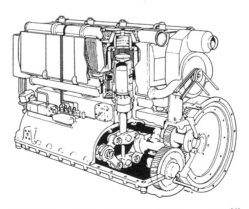

●図 1.4　ロンビック機構を用いたエンジン[4]

凍機を開発し，空気液化機などの極低温冷凍機の商品化をエンジンに先駆け行っている．

⑤　～1990年ごろ：商品開発期

　Philips社は，1980年エンジンの開発を中止するが，その技術は同社より独立したR. J. Meijerにより設立されたアメリカのSTM（Stirling Thermal Motors）社に移管される．この間に開発されたエンジンの熱効率は40％に達している．また，STM社では，ストローク可変の油圧斜板機構ならびに太陽熱発電やコ・ジェネレーション用エンジン（25～40 kW）の開発を行った．ところで，Philips社は，多くの会社との技術提携も行った．また，提携各社では，多岐にわたる商品開発ならびにさらなる他社との技術提携も行った．

　Philips社と技術提携したスウェーデンのUSAB（United Stirling AB）社は，自動車，発電機，水中動力用エンジン（10～75 kW）の開発を行った．その後，同社の技術は，同国Kockums社に移管される．Philips社と技術提携したアメリカのFord社とドイツのMAN - MWM社は，自動車用回転斜板複動形エンジン（135 kW），バス，トラック用エンジンの開発を行うが，1981年撤退する．

　アメリカのDOE / NASA / MTI（Mechanical Technology）/ AM社は，USAB社と技術提携後，トラック，郵便車，コ・ジェネレーション用MOD Ⅰ（78 PS），MOD Ⅱ（88 PS），MOD Ⅲ（160 PS）エンジンの開発を行う．また，宇宙での太陽熱発電，アイソトープを熱源とした発電用フリーピストンエンジン（25 kW）の開発も実施した．アメリカSunpower社のW. Bealeは1964年にフリーピストンスターリングエンジンを考案するとともに，1970年代にその開発と実用化を行っている．同社は，太陽熱発電，ヒートポンプ駆動，コ・ジェネレーション用フリーピストンエンジン（2～25 kW）を開発し，Cummins社に技術供与する．USAB社の技術提携先であるアメリカのSPS（Stirling Power Systems）社は，技術供与により太陽熱発電，コ・ジェネレーション，発電用2ピストンV形エンジン（10～15 kW）を商品化するが，その技術はドイツのStirling Systems社（SOLO社）に移管された．

　日本においては，1976～1981年にわたり運輸省（現国土交通省）の主導により，船舶用エンジンの研究開発が行われた．また，1982～1987年にわたり通産省（現経済産業省）の主導により，蒸気圧縮式ヒートポンプ駆動ならびに発電機駆動用エンジン（3～30 kW）の研究開発が，三菱電機，東芝，アイシン，旧三洋電機の4社により実施された．

　なお，ヒートポンプ駆動，コ・ジェネレーション，太陽熱発電用などとして中国，ロシア，カナダ，韓国などの諸外国でも開発が行われた．

⑥　～2000年ごろ：関連機器への移行期

　スターリングエンジンについては，日本では，商品化を目指したコスト低減，さらには重量・容積低減が行われ，蒸気圧縮式ヒートポンプや発電機の駆動源を目標とした．諸外国においては，ごくわずかであるが，太陽熱駆動揚水ポンプならびに海中動力源用として実証された．また，本エンジンを用いた太陽熱発電システムが諸外国において実証運転が行われた．

　スターリングサイクル関連機器については，逆サイクルを用いた80Kや20Kレベルの極低温冷凍機ならびに120Kレベルのデープフリーザはすでに商品化さ

れているが，脱フロン問題より冷蔵庫温度レベルの冷凍機の開発も進められ，現在商品化されているディープフリーザに繋がった．一方，正サイクルと逆サイクルをプラスしたヴィルミエヒートポンプが脱フロン空調機として注目され，その開発も行われた．

⑦　～2020年ごろ：一部実用化・商品化

　　熱源の多様性，低振動によりヨーロッパにおいては発電出力1kW$_e$級の家庭用コ・ジェネレーションシステム，欧米においては発電出力3kW$_e$，10kW$_e$，そして25kW$_e$級の太陽熱発電システムならびに3kW$_e$や35kW$_e$級の木質バイオマス燃焼発電システムの商品化が行われた．

　　日本においては，家庭用コ・ジェネレーションシステム向けの1kW$_e$や0.5kW$_e$級のフリーピストンエンジンの開発，木質バイオマス燃焼用3kW$_e$や5kW$_e$級のエンジン発電システム，排熱利用の0.2kW$_e$，1kW$_e$そして10kW$_e$級のエンジン発電システムの開発も行われた．

　　オーストリアやドイツにおいては，Stirling Denmark社製の35kW$_e$級スターリングエンジン発電機を搭載した木質チップボイラが稼働していた．なお，オランダMEC社の1kW$_e$級フリーピストンエンジン発電機を搭載したオーストリアÖkoFEN社の木質ペレットボイラ発電ユニットが販売されている．また，オランダMEC社の同エンジン発電機を用いた家庭用CHP（Combined Heat and Power）ユニットが商品化され，ヨーロッパで販売された．日本においても，2007年頃アメリカInfinia社製1kW$_e$級フリーピストンエンジン発電機の技術を導入したヨーロッパ向けCHPユニットがリンナイにより開発されたが，商品化されることはなかった．アメリカでは，Infinia社により直径4.7mのパラボラ集光器の焦点に3kW$_e$級フリーピストンスターリングエンジン発電機を設置した太陽熱発電システムが開発され，2013年にはアメリカTooele陸軍基地に同システムを430基（総発電量1.5MW$_e$）設置し，予定された発電量が得られたが商品化されていない．日本におけるスターリングエンジンの使用実績は，2009年に就役したそうりゅう型潜水艦に始まる．同型潜水艦は，潜水時に無給気推進AIP（Air Independent Propulsion）できるエンジンとしてスウェーデンKockums社製スターリングエンジン発電機（常用発電出力60kW$_e$）を4基載せており，2021年の10番艦「しょうりゅう」まで就役した．その後は，スペースなどの問題によりリチウムイオン電池に置き換わった「たいげい」型となり，スターリングエンジンの利用は10艦で終わっている．

⑧　現在：実用化および用途開発

　　海外においては，Infinia社の技術を引き継いだアメリカQnergy社の7kW$_e$級フリーピストンスターリングエンジン発電機が商品化され，CHPシステム，石油化学パイプラインの圧縮電源，鉄道における信号電源，畜糞バイオガス発電などに利用されている．スウェーデンSwedish Stirling社ではフェロアロイ工場などでの廃棄可燃ガスを用いた400kW$_e$（30kW$_e$級スターリングエンジン×14基）の発電システムを開発しており，各種製造プロセス中の残留熱への利用も検討している．また，ドイツSOLO社からスウェーデンCleanergy社，さらにはスウェーデンAZELIO社に引き継がれた10kW$_e$級V2気筒単動クランクエンジン技術が太陽熱などより溶融アルミ合金状体で蓄熱し，その蓄熱材を熱源とする加熱法に変更さ

第1章
古くて新しいスターリングエンジン

5

れたことにより，各熱交換器の中でもヒータ部が大きく変更されている．アメリカでは Cool Energy 社により熱媒を用いて廃熱のみならずさまざまな熱源からエンジンヒータ部を加熱する 25 kW$_e$ および 40 kW$_e$ 級スターリングエンジンを開発そして実証試験を行っている．オーストリア frauscher motors 社では，トラックにおける補助電源として 1 kW$_e$ 級エンジン発電機，埋立て処分されたごみの有機分（生ごみなど）が微生物によって分解されて発生するランドフィルガス（メタン成分約 40％）を熱源とした 6 ～ 7 kW$_e$ 級のエンジン発電機の実証試験を行っている．

　日本においてはヤンマー e スターにより開発された 10 kW$_e$ 級スターリングエンジン発電機が試験販売され，工場等廃熱ならびに一般廃棄物処理施設における焼却炉内の焼却熱を利用した発電システムにも使用されている．今後は，炭化炉で発生する乾溜ガス利用発電，木質バイオマス利用発電，鶏糞や畜糞尿の利用発電への展開も可能であろう．

　スターリングエンジン開発の歴史を振り返ると，開発初期においては内燃機関により駆逐され，現在においては，新たなエネルギー変換機器である燃料電池や太陽電池，都市ガスやバイオガスを利用するガスエンジンなどと，常に競合の変換機器が現れ，その厚い壁を破れない状況にある．しかし，熱源の自由度，低温度差熱源の利用，少ない振動などの環境に対する優しさを活かした用途が必ずや見いだすことができるであろう．

1.2　スターリングエンジン開発の状況

　日本においては，当時の通商産業省工業技術院および新エネルギー・産業技術総合開発機構 NEDO によるムーンライト計画の一環として進められた『汎用スターリングエンジンの研究開発』プロジェクト（1982 ～ 1987 年）では，ヘリウムガス使用により 3 kW 級で 32.6 ～ 35.9％，30 kW 級で 37.5％の高い熱効率が得られている．また，静粛性と排気ガスの清浄性も実証された．表 1.1 ならびに図 1.5 ～図 1.8 に同プロジェクトにより得られた成果を示す．なお，アメリカにおいては，水素ガス使用により 40％弱の効率が得られている．得られた成果によると，同じ出力クラスの他の内燃機関と比較してもより高くかつ出力当たりの重量もほぼ同じである．しかし，本エンジンは耐圧構造であり，ヒータ

▼表 1.1　ムーンライト計画における開発エンジンの代表特性[5]

	冷暖房用 3 kW 級		冷暖房用 30 kW 級	小型動力用 30 kW 級
	NS-03M	NS-03T	NS-30A	NS-30S
エンジン形式	ディスプレーサ形	2 ピストン形	回転斜板複動形	U4 複動形
使用燃料	天然ガス（13A）			
作動ガス	ヘリウム			
本体重量〔kg〕	60.5	73.6	243	375
NO$_x$（低減策）	EGR	触媒 ＋ EGR	燃焼制御	触媒
最高軸出力〔kW〕 平均出力〔MPa〕 回転数〔rpm〕	3.81 6.2 1 400	4.14 6.4 1 300	30.4 14.7 1 500	45.6 15.5 1 800
最高熱効率〔％〕	35.9	32.6	37.5	37.2

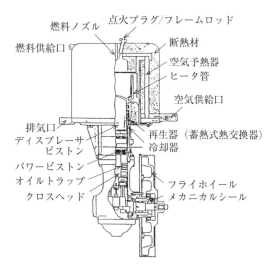

●図 1.5 3kW 級ディスプレーサ形エンジン（NS-03M）[5]

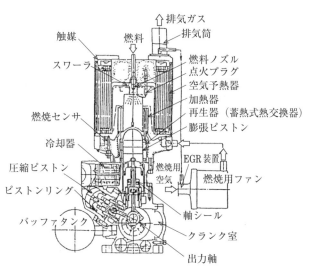

●図 1.6 3kW 級 2 ピストン単動形エンジン（NS-03T）[5]

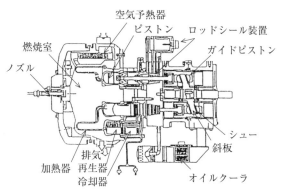

●図 1.7 30kW 級 4 シリンダ複動形回転斜板エンジン（NS-30A）[5]

第1章

古くて新しいスターリングエンジン

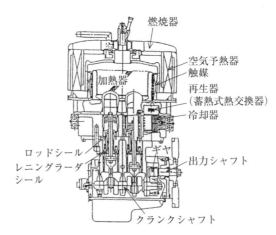

●図 1.8　30 kW 級 4 シリンダ複動形 U クランクエンジン（NS-30S）[5]

管に使用する耐熱合金の高価さ，作動ガスシール機構の精緻さなどから派生するコスト面での課題が残った．エンジンとして用途開発を行った分野は，次のとおりである．

1.2.1　蒸気圧縮式ヒートポンプ駆動用エンジン

　通商産業省ムーンライト計画で開発されたエンジンは，図 1.5 〜図 1.7 の NS-03M（三菱電機），NS-03T（東芝）および NS-30A（アイシン）が蒸気圧縮式ヒートポンプ駆動用である．スターリングエンジンにより駆動される蒸気圧縮式ヒートポンプ（SEHP）のシステムを図 1.9 に示す．SEHP は，その対抗馬となるガスエンジンにより駆動される蒸気圧縮式ヒートポンプ（GHP）と比較して，その成績係数（COP）は高く，騒音と排気ガス公害の点でも有利であるが，寸法と重量的には多少不利がある．また，保守性の面では，部品点数の点で有利であるが現時点では明確ではない．したがって，SEHP は，GHP と比較してエネルギー利用効率と環境性で優位にあったが，商品化されることはなかった．

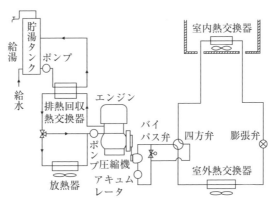

●図 1.9　スターリングエンジン駆動ヒートポンプ[5]

1.2.2　発電機駆動用エンジン（小型動力）

　発電機としては，古くは 1951 年に Philips 社が開発，そして 150 台生産した図 1.10 に示すバンガロー電源用発電機がある．発電出力は 200 W$_e$（1 500 rpm）であり，作動ガスには 5 atm の空気を用いた空冷エンジンである．

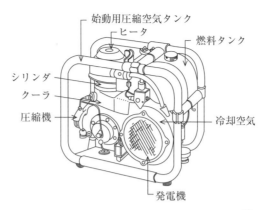

始動用圧縮空気タンク
ヒータ
燃料タンク
シリンダ
クーラ
圧縮機
冷却空気
発電機

●図 1.10　バンガロー電源用エンジン発電機[6]

　ムーンライト計画では，図 1.8 に示した NS-30S（旧三洋電機）のエンジンが小型発電機駆動用である．同エンジンを利用した発電システムは十分に低い周波数変動率を示し，発電システムへの適用可能性が実証されたが，その駆動機構に使用された歯車に起因する騒音レベル（70 dB）も問題になった．なお，出光興産／アイシンでは，石油産業活性化センターと通産省の後押しにより NS - 30A エンジンを使った軽油を燃料とするコ・ジェネレーションシステムの開発を行った．

　アメリカでは，MTI 社により 40 kW 級の MOD Ⅰ（4 シリンダ複動形 U クランク）エンジンを用いた発電システムが試験されており，低騒音性と良好な始動性（30 秒）が確認されている．また，USAB／SPS 社により 15 kW 級（2 ピストン V 形）エンジンが発電システム用として 160 台製作され発売された．図 1.11 に V160 エンジン発電機の概要を示す．その発電出力は 7.5 kW$_e$（1 800 rpm），作動ガスには 13 MPa のヘリウムを用いている．

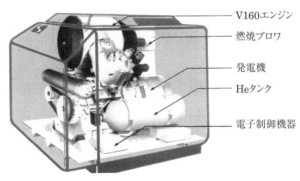

V160エンジン
燃焼ブロワ
発電機
Heタンク
電子制御機器

●図 1.11　スターリングエンジン発電システム[7]

　STM／Gas Research Institute 社では，天然ガス燃焼の STM4 - 120DH エンジン（4 シリンダ複動形回転斜板）発電機を用いた 50 kW$_e$ 級コ・ジェネレーションシステムの研究が行われた．その他，スウェーデンの S. G. Carlquist らのグループが低コスト化を目指した 4 シリンダ複動（ダブルアクティング）形直線クランクエンジン（ハーメチック構造）を用いて，発電出力 30 kW$_e$，給湯能力 60 kW$_{th}$ の性能を得ている．

　その後，ニュージーランドのカンタベリ大学で開発した WhisperTech 社のヨットのバッテリ充電用エンジン発電機や Sunpower 社が開発したバイオマス燃料を用いるポータブ

第 1 章　古くて新しいスターリングエンジン

ル製材機の電源用フリーピストンエンジン発電機がある.

1.2.3 地上での太陽熱発電用エンジン

　日本においては，系統電力に対する補助的発電システム，僻地や離島などにおける電力供給手段として，アイシンにより NS‑30A エンジンを用いて開発が進められた.　図 1.12 に地上用 dish 形太陽熱発電システムを示す.　集光ミラーシステムは，82 枚長方形の鏡（1 200 mm × 900 mm）からなり，全体としてパラボラ形状である.　パラボラ面の光軸方向投影面積は 84 m^2 であり，焦点距離は 7.5 m，反射率はクリーンな状態で 89% である.　試験結果によると，直達日射量がおおむね 900 W/m^2 のとき，最高発電出力 17 kW$_e$，熱効率 23% が得られた.

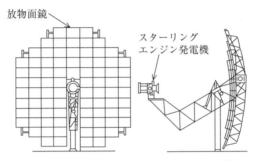

放物面鏡

スターリングエンジン発電機

●図 1.12　地上用太陽熱発電システム[8]

　同社では，沖縄エネトピア・アイランド構想下で，沖縄電力を中心に進められた新エネルギー発電システム（風力，太陽光，そして太陽熱による発電）の実用化に向けた研究のうち，スターリングエンジンを用いた太陽熱発電システムを担当した.　同システムは，宮古島に 1990 年に 2 基設置され，1992 年より実証試験をスタートさせた.　そのシステムは，集光器に直径 1.5 m の反射鏡 32 枚（真空吸引式，総受光面積 53.5 m^2），その焦点部分に直熱式セントラルレシーバを介して出力 7 kW$_e$ のエンジン発電機が据え付けられていた.　試験結果によると，同システムは，目標出力 7 kW$_e$／基の達成が十分可能とのことである.

　ドイツでは，DLR（German Aerospace Research Establishment）により SPS 製 V160 エンジンと直径 7.5 m のパラボラ形状集光器を用いた実証試験を行った.　使用した Na ヒートパイプ構造の太陽熱レシーバとエンジン側の加熱器管群との関係を図 1.13 に示すとともに，得られた晴天日の直達日射量と発電出力の時間変動の様子を図 1.14 に示す.　図 1.14 によると，晴天日における正味の日平均システム効率 16.1%（試験中の約半分の期間は，直達日射量 930 W/m^2，19% のシステム効率，そして発電出力 8 kW$_e$）の性能が得られている.　なお，サウジアラビア政府との契約による集光器直径 17 m／発電出力 50 kW$_e$ のシステム開発では，発電出力 53 kW$_e$，システム効率 23% を達成している.

　アメリカでは，DOE／USAB／Advanco 社が作動ガスに水素を用いた USAB 製 4‑95 形エンジン（4 シリンダ複動形）と直径 11 m の放物面鏡により 25.2 kW$_e$ の発電出力が得られている.　Cummins／Sunpower 社では 5 kW$_e$ のフリーピストンエンジン，STM／Sandia 国立研究所では直径 11 m の dish 形集光器と STM4‑120（4 シリンダ複動形回転斜板）エンジン，DOE／NASA では MTI の MOD II（4 シリンダ複動形 V クランク）エンジン，そして STC（Stirling Technology Company）社による 25 kW$_e$ 級フリーピスト

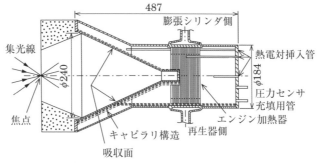

●図1.13　Naヒートパイプレシーバ[9]

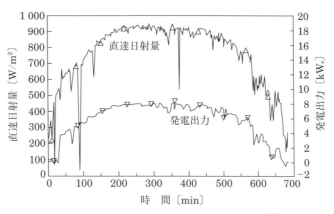

●図1.14　晴天時の直達日射量と発電出力[9]

ンエンジンを用いた研究を行っていた.

　ところで，ドイツBSR社は低温度差の太陽熱駆動揚水ポンプを開発した．図1.15に示す同エンジンはγ形エンジンであり，3 m² の集熱部で太陽熱を集めた約100℃の高温熱源と揚水温度30℃との温度差70℃ほどで，50 ～ 60 W（揚程5 m，水量60 m³ ／日）の揚水ポンプになる．このような低い高温熱源よりエンジンを動作させるには，その受熱部面積をより大きくするとともに機械損失をできるだけ減じる必要がある．

●図1.15　ドイツBSR社の太陽熱駆動揚水ポンプ[10]

1.2.4 宇宙での太陽熱発電および活動用エンジン

近い将来の宇宙開発における活動範囲の拡大に伴い，それに必要とされる電力規模が拡大し，宇宙ステーションにおいては必要電力が 300 kW$_e$ に至ると見積もられている．これに伴い，従来の太陽電池に代わり，システム全体の重量や低軌道における空気抵抗を大幅に軽減できる太陽熱を熱源としたエンジンによる発電システムが有力視されている．

日本では，旧航空宇宙技術研究所において 500 W$_e$ 級，そして旧宇宙科学研究所／アイシンにおいて 200 W$_e$ 級基礎モデルである小型のセミフリーピストンエンジン発電機を用いた評価試験を行っていた．アイシン製セミフリーピストンエンジン発電機を図 1.16 に示す．本エンジンは，ディスプレーサを DC モータにより駆動し，ディスプレーサとはフリーのパワーピストンに連結したリニア発電機により電力を得る γ 形セミフリーエンジンであり，制御の容易性が特徴である．

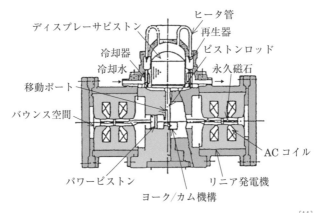

●図 1.16　200 W$_e$ 級セミフリーピストンエンジン発電機 [11]

アメリカでは，NASA／MTI 社において 2 台のエンジン発電機を水平対向に接続した 25 kW$_e$ 級フリーピストンエンジン発電機が計画された．同エンジン発電機の一方のエンジン発電機（12.5 kW$_e$）により，宇宙での運用を想定した天井吊りの状態で溶融塩の熱輸送手段による試験が行われ，20 % の熱効率が得られた．ところで，NASA／MTI 社では，スターリングエンジンの宇宙環境での利用を想定した高温側温度 1 050 K／低温側温度 525 K レベルでのテストを，図 1.17 に示す試験用エンジン発電機を用いて実施した．本エンジンの性能目標値は，発電出力 25 kW$_e$，発電端効率 25 % 以上，寿命 60 000 時間，比質量 6.0 kg／kW$_e$，周波数 70 Hz，そして作動ガス圧 15.0 MPa である．

なお，NASA では，1980 年代より月，火星，タイタン等における招来の宇宙基地での電力供給ならびに作業車やロボットへの電力供給を目的としたアイソトープを熱源とする発電システムへのフリーピストンエンジン発電機の導入が検討され，地上での実証試験により既にメンテナンスフリー期間 14 年以上の実績を持っている．

1.2.5 自動車用エンジン

1960 ～ 1970 年代にかけて，Philips 社，USAB 社，GM 社，Fords 社，AM 社などが自動車の低公害化と燃費向上を目的に自動車用エンジンの開発を進め，車載試験も行ったが実用化に至らず，開発は中止された．その後，1980 年代から 1990 年初頭にかけてア

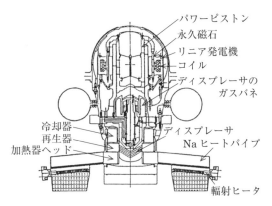

パワーピストン
永久磁石
リニア発電機
コイル
ディスプレーサの
ガスバネ

冷却器
再生器
加熱器ヘッド

ディスプレーサ
Na ヒートパイプ

輻射ヒータ

●図 1.17　宇宙環境温度試験用フリーピストンエンジン発電機[12]

　メリカの DOE／NASA／USAB 社・MTI／AM 社，STM／Detroit Diesel 社，日本のア
イシンにおいて開発が進められた．アイシンは図 1.18 に示す 52 PS／4 000 rpm の 2 軸ク
ランクエンジンを小型自動車に搭載した試験を行い，出力や応答性，さらにはその他の制
御性能ともガソリンエンジンとほぼ同程度の性能を得た．しかし，実用化には小型軽量化
を図るとともに，低騒音ならびに低振動を十分に活かしうるエンジン構造研究の必要性も
問われた．現時点における主機動力としては，現在の自動車燃料がなくならない限り低速
で高トルクの特色を活かせる作業車などの特殊用途しか望みがないものと思われる．

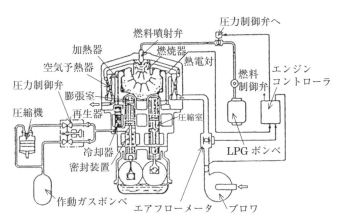

燃料噴射弁
加熱器
燃焼器
空気予熱器
熱電対
圧力制御弁
膨張室
圧縮機
再生器
圧縮室
冷却器
密封装置

圧力制御弁へ

燃料
制御弁
エンジン
コントローラ

LPG ボンベ

作動ガスボンベ
エアフローメータ
ブロワ

●図 1.18　自動車用エンジンとその制御系[13]

　アメリカでは，1988 年にバンと小型トラックへの搭載実証試験を終了した MTI 製
MOD Ⅰ（4 シリンダ複動形 U クランク，78PS）エンジンが 19 000 時間以上のエンジン
試験と 1 000 時間以上 15 000 マイルの運転が行われた．また，その改良形として郵便車
への搭載試験を行っている MOD Ⅱ（4 シリンダ複動形 V クランク，88 PS）エンジンは
1 000 時間以上の試験が行われた．MOD Ⅱでは，自動車用として軽量小型化，高い操作
性という要求も配慮しつつ水素ガス使用により最高効率 40% 弱を達成し，その構造も量
産時のコスト低減の容易性も考慮されている．MTI 社では，移動車両のみならず発電シ
ステムや冷凍・空調システムへの利用を想定した天然ガスを燃料とする MOD Ⅲエンジン
（熱効率 40%，出力 160 HP，比重量 5.1 lb／HP，製造価格 $7 500）の開発を行っていた．
　アメリカの STM／Detroit Diesel 社は，STM 社の 4 シリンダ複動形回転斜板エンジン

を用いたバス用のハイブリッド電気推進システムの開発を行っていた.

　ところで, 2018 年には, アメリカ・カリフォルニア州において 1 か月 10 000 台販売した自動車製造会社の場合, ZEV (Zero Emission Vehicle) である走行時に全く排ガスを排出しない電気自動車 EV と水素燃料電池車 FCV, そしてそれに準じるプラグインハイブリッド車 PHV を販売台数の 16％になる 1 600 台含めることを義務づけている. この政策は, アメリカのみならず中国, イギリス, フランス, カナダなどの諸外国, そして日本でも 2030 年より進められ, 2035 年あるいは 2040 年までに大気汚染の大幅な改善を目指した ZEV の強制導入を目指している. しかし, バッテリの蓄電容量さらには充電インフラが改善されなければ完全に ZEV に置き換わることは難しく, 緊急時における脱出方策が問われている. この解決には, 電気自動車に数 kW 級の小型エンジン発電機を搭載するハイブリッド自動車である ULEV (Ultra Low Emission Vehicle) が有望であり, すでに補助動力源にガソリンエンジンを用いたハイブリッド自動車が販売されているが, 補助動力源としてスターリングエンジン発電機も考えられる.

　その一例として, 図 1.19 にアメリカの DEKA Research & Development 社の電気自動車を示す. その駆動モータ用バッテリにはリチウム電池が使用されているが, 走行距離を延ばすために, 充電用補助動力源としてスターリングエンジン発電機が車体後部に搭載され, バッテリ充電量が低下すると, スターリングエンジンが駆動, そして充電を行う.

●図 1.19　ハイブリッド電気自動車[15]

1.2.6　船舶用エンジン

　日本において, 1973 年秋に発生した石油危機により大量の石油燃料を使用する船舶の推進システムを見直すこととなり, 旧運輸省のプロジェクト『スターリング機関研究開発』が 1976 〜 1980 年にわたり行われた. ダイハツディーゼルで試作された単動 (シングルアクティング) 形 2 シリンダ直列形エンジン (φ220×300) では, 出力 37.1 PS／熱効率 16.5％の性能が得られた.

　外国においては, ドイツ MAN-MWM 社による直列 6 シリンダ複動形の 500 kW 級エンジンの開発があった. また, Kockums 社における純酸素による高圧燃焼システムを用いる海中動力源としての作動ガスに水素を使用した 100 kW 級エンジン (V4-275R) の開発が, スウェーデン海軍の潜水艦およびフランスの海中作業船用として進められた. フランスの海洋開発研究所と潜水船建造会社である Comex 社が共同開発した図 1.20 に示す潜水調査船 SAGA (排水量 545 t, 長さ 28.06 m, 幅 7.40 m, 喫水 3.65 m) は, 長期自航形潜水船である. 同船は, 図 1.21 に示すように水上航行用のディーゼルエンジン (176 kW)

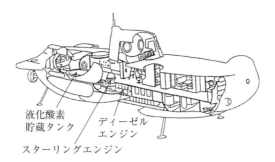

液化酸素
貯蔵タンク

ディーゼル
エンジン

スターリングエンジン

●図 1.20　スターリングエンジン搭載の潜水調査船 SAGA[16]

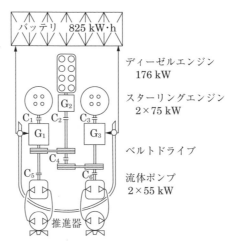

バッテリ　825 kW·h

ディーゼルエンジン
176 kW

スターリングエンジン
2×75 kW

ベルトドライブ

流体ポンプ
2×55 kW

推進器

$C_1 \sim C_6$：流体クラッチ
G_1，G_3：45 kW 発電機 /30 kW 電気モータ
G_2　　：30 kW 補助発電機

●図 1.21　SAGA の動力系[16]

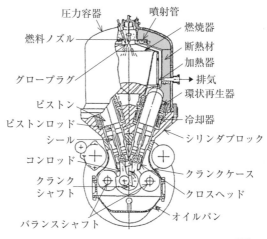

圧力容器　　　噴射管
　　　　　　　　　　　燃焼器
燃料ノズル
　　　　　　　　　　　断熱材
　　　　　　　　　　　加熱器
グロープラグ
　　　　　　　　　　　➡排気
　　　　　　　　　　　環状再生器
ピストン
　　　　　　　　　　　冷却器
ピストンロッド
　　　　　　　　　　　シリンダブロック
シール
コンロッド
　　　　　　　　　　　クランクケース
クランク
シャフト　　　　　　　クロスヘッド
　　　　　　　　　　　オイルパン
バランスシャフト

●図 1.22　潜水船用スターリングエンジン[16]

第1章

古くて新しいスターリングエンジン

1基と潜水航行用のスウェーデン Sub Power（現：Kockums 社）製スターリングエンジン V4-275（4シリンダ複動形 V クランク，75 kW，図 1.22）2基で運行される．

本エンジンの燃料は軽油で，助燃剤として液体酸素を持っている．また，燃焼室は 22 気圧に加圧されており，水深 220 m までは補助動力なしで船外へ排気できる．日本においても，防衛省のそうりゅう型潜水艦 10 艦に Kockums 社の 75 kW エンジン（常用発電出力 60 kWₑ）が 1 艦当たり 4 基載せられている．

海中動力源としては，燃料タンクの小型化などから高い熱効率，高い安全性，高い信頼性，さらには水中通信や使用機器への影響から高い静粛性が要求されるので，スターリングエンジンが最適であろう．

1.2.7　その他のエンジン

ゴミ焼却炉の廃熱回収システムに利用するエンジン発電機の用途開発がサンデンにより行われた．また，バイオマスを燃料としたエンジン発電機や熱源に地熱を利用するエンジン発電機も考えられている．図 1.23 には，埼玉大学旧岩本研究室で開発した熱源に蒸気を用い，作動ガスに大気圧空気を使用した 100 W 級低温度差利用のローテクエンジンを示す．

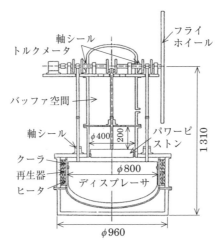

●図 1.23　100 W 級低温度差エンジン [17]

アメリカ・ワシントン大学においては，埋め込み式人工心臓の駆動動力源として図 1.24 に示すスターリングエンジンポンプ（5 W，高温側温度 770 K／低温側温度 313 K）が開発され，これを仔牛に埋め込んだ実証実験も 214 時間にわたって実施された．

生体内マイクロマシン用のアクチュエータならびに分散形人工心臓の動力源として，マイクロエンジンの研究が東京大学旧中島研究室にて行われた．本エンジンは，内燃機関の排気量に換算すると 0.05 cm³ のピストンの行程容積を有し，その自立運転が確認されている．図 1.25 に試作されたマイクロエンジンを示す．本エンジンは，加熱壁を 100℃，冷却壁を 0℃ に保つと 10 mW の出力が得られている．

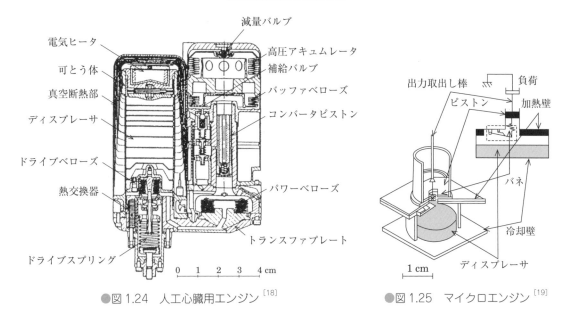

●図 1.24　人工心臓用エンジン[18]

●図 1.25　マイクロエンジン[19]

1.3　スターリング冷凍機

　1860 年代に，A. Kirk はスターリングサイクルを逆サイクルにして，冷凍機として利用することに成功している．スターリング冷凍機としては，液体空気分離用の大型液化装置から 0.5 W 程度の熱負荷に対応できる小型機器がすでに実用化されている．

　空気液化装置は，1963 年ごろより Philips 社から発売され，研究機関などで使用される寒冷剤の需要を満たすために数多く導入されたが，現在は LNG などの冷熱利用による大量の液化が可能となり，この装置は次第に減少する傾向にあるが，いまだに需要はある．

　ところで，最近のリモートセンシング技術に関連した赤外線撮像素子を約 80 K（0.5 〜1.5 W）まで冷却する小型冷却器の開発が進み，アメリカ，オランダなどの諸外国ならびに日本の三菱電機，住友重機，富士電機などで商品化されている．この冷却器は，図 1.26 に示すクランク軸に直結した電動モータにより駆動するタイプ，ならびに図 1.27 に示す圧縮側ピストンを内蔵したリニアモータにより駆動するとともに，ディスプレーサの動きをガスバネにより制御するタイプがある．リニア圧縮式スプリット形冷却器を用いた赤外線カメラを図 1.28 に示す．この小型冷却器のほとんどは赤外線センサ用に商品化されているが，今後超電導デバイス用にも展開できるであろう．

　クライオポンプなどの汎用機器として 20 K（15 W）と 100 K（150 W）の 2 ステージを有する中型冷凍機（4 シリンダ複動回転斜板形に類似，図 1.29）が，1984 年よりアイシンより製作発売された．同冷凍機の最低到達温度は 12 K である．この分野は，磁気浮上列車，超電導推進船，核磁気共鳴断層撮影装置，高感度磁束計，スパッタリング装置，真空蒸着装置などと多くの需要があった．

　一方，オゾン層破壊問題より，バイオテクノロジ分野のディープフリーザ（−152 〜−80℃）や家庭用冷蔵庫に利用されているフロン使用の蒸気圧縮式冷凍機に代わる脱フロン冷凍機が望まれている．この温度レベルでは，従来スターリング冷凍機は性能面でフロン機器に劣るとされていた．しかし，ディープフリーザについては，フロン機器を凌駕

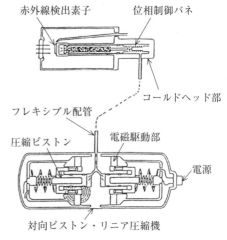

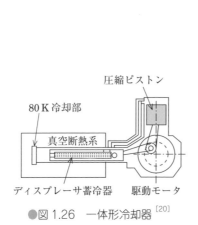

●図1.26　一体形冷却器[20]

●図1.27　リニア圧縮式スプリット形冷却器[20]

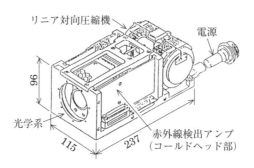

●図1.28　冷却器の赤外線カメラへの適用例[20]

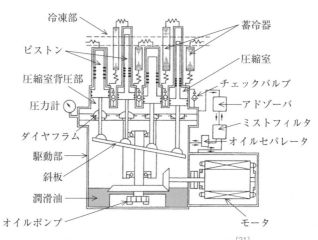

●図1.29　2ステージ中型冷凍機[21]

する性能を有する機器が三菱電機や旧三洋電機により開発された.

　また，家庭用冷蔵庫については，蒸気圧縮冷凍機に匹敵する性能を有する機器がアメリカのSTC社やSunpower社により開発された．一例として，図1.30と図1.31にSunpower社のフリーピストンスターリング冷凍機とそれを組み込んだ冷蔵庫（冷蔵容積

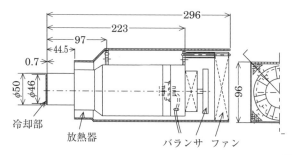

●図 1.30　冷蔵庫用フリーピストンスターリング冷凍機[22]

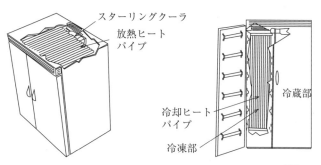

●図 1.31　スターリング冷凍機を組み込んだ冷蔵庫[23]

1.05 m³）の概要を示す．同冷蔵庫は，保冷温度 6.7℃，大気温度 32℃の温度条件下で成績係数（COP）0.67 の性能が得られている．

　日本においては，ツインバードが 1990 年台にアメリカ企業により開発されたフリーピストンスターリング冷凍機の技術を導入し，2002 年には困難であった量産化技術を確立，そして医薬・バイオ，食品・物流，化学・エネルギー，計測・環境などの分野で用途開発もなされている．販売されている冷凍機は，図 1.30 と同形式の数種類のフリーピストンスターリング冷凍機（最低温度 − 120℃）であり，その内の一台は 2013 年 8 月に国際宇宙ステーション・日本実験棟「きぼう」における冷凍冷蔵庫用冷凍機として運用を開始している．図 1.32 には同社の冷凍機の一例として SC-TG08S 冷凍機（− 80℃／25 W）を示す．また，2020 年からの新型コロナウイルス感染症の広がりにより，そのワクチン輸送・保管用冷凍ボックスが必要になり，同社の冷凍機を載せた図 1.33 に示すディープフリーザ（− 40 〜 10℃，25 L）が，COVID-19mRNA ワクチン輸送保管用として 1 万台以上出荷されている．

　ヒートポンプについては，脱フロン問題よりカーエアコン用として，日本ではゼクセルが研究を行ったが，実用化されなかった．アメリカでは，1980 年代初頭 Sunpower 社によりフリーピストンのエンジンとヒートポンプを連結したデュープレックスヒートポンプを開発し，試験を行ったが実用化には至らなかった．また，STM 社による空調システムにスターリングサイクルを利用する検討がなされた．スウェーデンでは，S. G. Carlquist らのグループによるキネマティックエンジンとヒートポンプを連結したデュープレックスヒートポンプが検討された．

●図1.32　量産化されたスターリング冷凍機[24]　●図1.33　ワクチン輸送保管用ディープフリーザ[24]

1.4　ヴィルミエ冷凍機

　本機器は，1918年にアメリカのR. Vuilleumierが『熱による圧力変化と熱移動を引き起こす方法およびその装置』という名称で極低温を発生する装置として特許を得ている．すなわち，冷凍を発生させるのに必要なエネルギーを主に熱源とすることを基本原理とする冷凍サイクルである．

　その構造は，スターリングサイクルにおける機械的圧縮機部分を熱的な圧縮機に置き換えた構造である．したがって，スターリングエンジンとスターリングヒートポンプを組み合わせたものと考えられる．この機器は，小型軽量でかつ熱エネルギーにより直接駆動されるので，静粛な運転が可能であり，耐久性にも優れている．この特徴を活かして，アメリカでは1960年代より，日本では旧電総研／三菱電機が1985年より宇宙用のリモートセンシングに必要な赤外線検出装置用として開発している．開発した80K（1.2W）冷凍機を図1.34に示す．

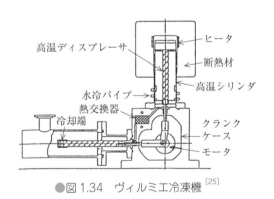

●図1.34　ヴィルミエ冷凍機[25]

　ところで，オゾン層破壊問題がクローズアップされるにつれ，本機器の空調システムへの利用が脚光を浴びている．すなわち，高温の熱エネルギーを入力して冷暖房・空調用の有効エネルギーを同時に取り出す本機器は，作動流体としてヘリウムを使用する脱フロン熱機器である．本機器の概略構造とシステム概要を図1.35に示す．それによると，エンジンは作動ガスの温度と容積変化によりその圧力変化を誘起し動力を発生させるのに対して，

本機器は作動ガスの温度分布変化のみにより圧力変化を誘起し直接冷暖房・給湯を行う点でエンジンとは異なる．すなわち，加熱器に熱を加えながらディスプレーサを作動させると，内部に高温・中温・低温の三空間ができる．また，この三空間の容積比変化により内部全体の作動ガス圧力が連続的に変化し，圧力上昇時には中温熱交換器から熱の放出（暖房，給湯）が，下降時には低温熱交換器から熱の吸収（冷房）が行われる．この機器は，旧三洋電機や三菱電機，さらにはデンマーク，ドイツなどの諸外国でも開発が進められていた．

　一例として，図1.36に旧三洋電機で実施された試験機器を示す．同機器の2つのピストンは，クランクにより90degの位相でリンクされるとともに，電動モータに直結している．電動モータは，本機器のスタータと空調能力制御用の回転数制御に使用されている．同機器の目標重量および形状値は，100 kg，W800×D350×H750 mm，目標性能は，冷房 COP 0.7（4 kW），暖房・給湯 COP 1.3（6 kW）である．

　本機器は，ガスエンジン駆動ヒートポンプと比較して，重量は軽く寸法はほぼ同程度である．また，環境性，耐久性，保守性も十分高く，脱フロン問題ばかりでなく，電力需要の平準化とエネルギーの有効利用にも役立つと期待された．

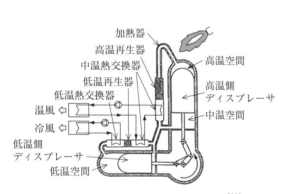

●図 1.35　ヴィルミエヒートポンプ[26]

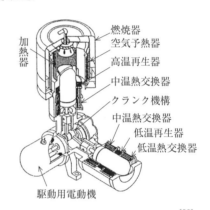

●図 1.36　ヴィルミエヒートポンプ試験機[26]

参 考 文 献

[1]　濱口和洋：“スターリングエンジンを用いた太陽熱発電の動向”，太陽エネルギー，vol.36，No.3，p.25，2010

[2]　I. Kolin: Stirling Motor‐histiry‐theory‐practice, p.21, Zagreb Univ. Publications, 1991

[3]　I. Kolin: Stirling Motor‐histiry‐theory‐practice, p.22, Zagreb Univ. Publications, 1991

[4]　C. M. Hargreaves: The Philips Stirling Engine, p.261, Elsevier, 1991

[5]　新エネルギー・産業技術総合開発機構：「汎用スターリングエンジンの研究開発」プロジェクト研究成果総合報告書，1988

[6]　G. Walker: Stirling Engines, p.224, Oxford Univ. Press, 1980

[7]　日本機械学会 RC127 研究報告書，Ⅰ‐137，1996

[8]　新エネルギー・産業技術総合開発機構：スターリングエンジンの普及に関する調査研究（Ⅱ），p.74，1991

[9]　D. Laing and O. Goebel: "Sodium heat pipe solar receiver for a SPS V-160 stirling: Development, laboratory and on-sun test results," Proc. 26th IECEC, Vol.5, 363, 1991

[10]　Martin Werdich and Kuno Kübler: "Stirling-Maschinen", Ökobuch Verlag, p.80, 2003

[11]　濱口和洋，野川正文，百瀬　豊：“セミフリーピストンスターリングエンジン再生器の複合メッシュマトリックスによる性能向上”，日本機械学会論文集 B 編，Vol.62，No.595，p.415，1996

［12］ G. Docht and M. Dhar: "Free-piston stirling component test power converter," Proc. 26th IECEC, Vol.5, 239, 1991

［13］ 近藤　正，百瀬　豊，大内弘之，長谷川雅彦："小型乗用車に搭載可能なスターリングエンジンの開発"，日本機械学会誌，Vol.90，No.829，p.1500，1987

［14］ 環境庁：平成3年版環境白書総説，1991

［15］ http://www.dekaresearch.com/coreTech.html
http://hackaday.com/2008/11/09/dean-kamens-stirling-engine-car/

［16］ D. Sauzade, G. Imbert, and J. Mollard: "The supporting technologies and sea trials of a long-range autonomous civilian submarine," MTS J., Vol.25, No.2, p.4, 1991

［17］ 岩本昭一，戸田富士夫，松尾政弘，石川知朗："スターリングエンジンの簡易性能予測法"，日本機械学会講演論文集，No.940-30，p.467，1994

［18］ M. A. White, et al. : "Implanted thermal engine system development," NTIS PB83-142489, 1982

［19］ 中島尚正："マイクロスターリングエンジンについて"，日本機械学会誌，Vol.94，No.872，p.588，1991

［20］ 渡辺紀久："赤外線受光素子用冷凍器"，精密工学会誌，Vol.56，No.11，p.28，1990

［21］ アイシン精機（株），クライオポンプカタログ

［22］ Sunpower社カタログ，New High Efficiency, Non-CFC Mini-Cooler，1995

［23］ D. M. Berchowitz and W. F. Bessler: "Progress on free-piston stirling coolers," Proc. 6th ISEC, p.335, 1993

［24］ https://www.twinbird.jp/fpsc/（2023）

［25］ 川田正国，細川俊介，町田和雄，工藤　勲，吉村秀人，古屋清敏："宇宙用ヴィルマイヤ冷凍機の開発（1報）"，低温工学，Vol.24，No.16，p.311，1989

［26］ 藤巻誠一郎，藤野利弘，星田敏博，中里　孝："フロンフリー空調技術の新展開"，日本機械学会誌，Vol.94，No.869，p.337，1991

スターリングエンジンの動作原理とその特徴

スターリングエンジンの基本的動作は，作動ガスの加熱による膨張と冷却による収縮による．すなわち，図2.1に示すように密閉された空間内の作動ガスをシリンダの外部より加熱するとピストンは下降し，冷却するとピストンは上昇する．しかし，実際の現象においては，シリンダが大きな熱容量を持つため，このような加熱・冷却方法では高い回転数での運転は望めず，実用的なエンジンとしては成立しない．

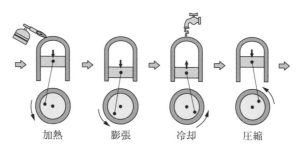

加熱　　　膨張　　　冷却　　　圧縮

●図2.1　作動ガスの膨張・収縮とエンジンの運動

そこで，実際のスターリングエンジンでは，複数のピストンと熱交換器を適切に配置することによって，外部からの連続的な加熱・冷却によって作動ガスに圧力変化を生じさせる工夫がなされている．本章では，スターリングエンジンの基本構成や各種エンジンの形式，基本的なピストン運動について紹介する．

2.1　スターリングエンジンの基本構成と動作原理

図2.2に示すようにスターリングエンジンは，温度差を持つ2つのシリンダと約90 deg

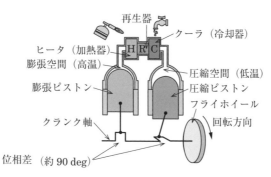

再生器

ヒータ（加熱器）　　　　　　　クーラ（冷却器）
膨張空間（高温）　　　　　　　圧縮空間（低温）
膨張ピストン　　　　　　　　　圧縮ピストン
　　　　　　　　　　　　　　　フライホイール
クランク軸　　　　　　　　　　回転方向
位相差（約90 deg）

●図2.2　スターリングエンジンの基本構造（α形）

の位相角を持つ2つのピストン，ヒータ・再生器・クーラと呼ばれる熱交換器，さらに円滑な連続運転を可能とするためのフライホイールから構成されている．

　図2.3は，α形と呼ばれるスターリングエンジンの作動原理を示している．図において，(1) → (2) の加熱行程では，膨張ピストンは下向きに，圧縮ピストンは上向きに動く．作動ガスは圧縮空間（低温空間）から膨張空間（高温空間）へ流れ，エンジン内部の圧力は上昇する．(2) → (3) の膨張行程では，2つのピストンは作動ガスの圧力を受けて，ともに下向きに押し下げられる．このときに，エンジンは駆動トルクを得る．(3) → (4) の冷却行程では，フライホイールに蓄えられたエネルギーを利用してクランク軸が回転する．この間，膨張ピストンは上向きに，圧縮ピストンは下向きに動く．作動ガスは膨張空間から圧縮空間に流れ，エンジン内部の圧力が低下する．(4) → (1) の圧縮行程では，作動ガスの圧力とピストン背面の圧力との差を受けて，2つのピストンが上向きに押し上げられる．爆発を利用する内燃機関と異なり，圧縮行程のときにもエンジンは駆動トルクを得る．スターリングエンジンは，以上の行程を繰り返して動作している．

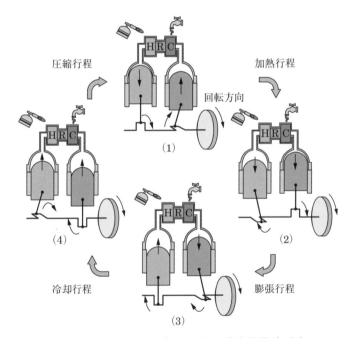

●図2.3　スターリングエンジンの動作原理（α形）

　エンジンの始動時には，高温・低温側の両ピストンに密閉される作動ガスの占める容積が作動ガスの加熱により増加する方向に回転させる必要がある．回転を始めると，フライホイールを利用して加熱・膨張・冷却・圧縮の過程を繰り返す．この結果として，出力軸よりパワーが得られる．

　なお後述するように，スターリングエンジンには，ディスプレーサ形（β形，γ形）と呼ばれるエンジン形式もある．構成はやや異なるが，作動ガスの移動により圧力変化を生じさせ，膨張・圧縮を繰り返すという原理は全く同じである．

2.2 スターリングエンジンの形式

スターリングエンジンを作動空間とシリンダの配置により分類すると，図2.4に示す4つの形式に分類される．それらの特徴は，次のとおりである．

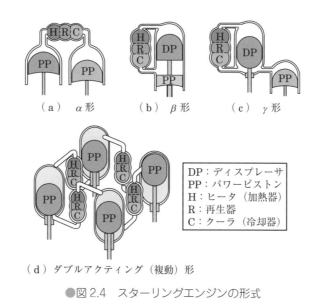

（a）α形 （b）β形 （c）γ形

DP：ディスプレーサ
PP：パワーピストン
H：ヒータ（加熱器）
R：再生器
C：クーラ（冷却器）

（d）ダブルアクティング（複動）形

●図2.4 スターリングエンジンの形式

2.2.1 α形スターリングエンジン

2つのパワーピストンで構成されるα形エンジンは，圧縮比（最大容積／最小容積）を高めやすく，高出力が得られやすいという特徴がある．また，β形やγ形などのディスプレーサ形エンジンとは異なり，ロッドシールが不要なため，構造の簡単化が可能になる．しかし，2つのパワーピストンに厳重なシールが必要であり，特に高温部でのシールの選定には細心の注意を払う必要がある．

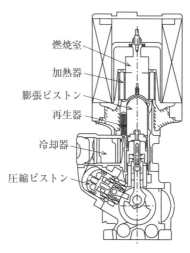

燃焼室
加熱器
膨張ピストン
再生器
冷却器
圧縮ピストン

●図2.5 α形スターリングエンジン[1]

　α 形の高性能エンジンには，図 2.5 の NS - 03T エンジンがある．同エンジンは，1980年代に実施されたムーンライト計画で開発された出力 3 kW クラスのエンジンであり，主としてヒートポンプの用途開発に使用された．

2.2.2　β 形スターリングエンジン

　ディスプレーサとパワーピストンとを同一シリンダに配置した β 形エンジンは，エンジンを小型化できるのが最大の特徴である．また，熱交換器を円周上に配置しやすいため，熱交換器内の作動ガスの流れを均一にするのが容易な形式であるといえる．原理的には γ 形エンジンと同じあるが，β 形エンジンはディスプレーサとパワーピストンとをオーバーラップできる点が異なり，そのため，作動空間を有効に利用でき，高出力化が可能となる．一方，同軸上の 2 つのピストンに適切な位相角を与えながら往復運動させるための駆動機構が複雑になるなどの問題がある．

　図 2.6 は β 形エンジンの開発例であり，温度 400℃ 程度の熱源を用いて作動する排熱利用スターリングエンジンである．同エンジンは，作動ガスには平均圧力 3 MPa のヘリウムを用いており，その発電出力は 500 W 程度である．

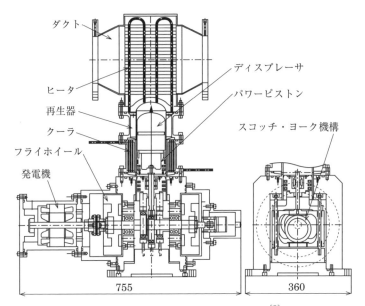

●図 2.6　β 形スターリングエンジン[2]

2.2.3　γ 形スターリングエンジン

　ディスプレーサとパワーピストンとが異なるシリンダに配置された γ 形エンジンは，エンジンの小型化が難しく，構造上，圧縮比が高められないため高出力化が難しい．そのため，従来の高性能エンジンではほとんど採用されていない形式である．しかし，熱交換器形式の自由度が高いことやディスプレーサとパワーピストンの容積比を自由に変えやすいことなどの特徴があり，温度が低い熱源で運転する低温度差エンジンで使われることがある．図 2.7 は γ 形の 300 W 級低温度差エンジンである．

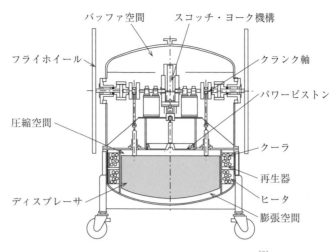

●図2.7 γ形スターリングエンジン[3]

2.2.4 ダブルアクティング（複動）形スターリングエンジン

通常のダブルアクティング（複動）形エンジンは4シリンダで構成されており，4シリンダ複動形とも呼ばれる．隣り合うピストンの上面と下面の空間を熱交換器を介して連結することで，作動空間は通常のα形エンジンの4台分（8シリンダ分）に相当する．この形式は，他のエンジン形式と比べて，コンパクトで高出力な設計が可能になる．そのため，出力30 kWクラス以上のエンジンでは，この形式が採用されることが多い．

一方，各ピストンおよびロッドシールに厳重なシールが必要になることや，4つのピストンを動かす駆動機構が複雑になるなどの問題がある．図2.8に示すSTM4-120エンジン（アメリカ，STM社）は，斜板機構を用いたダブルアクティング形エンジンである[4]．本エンジンは，業務用コ・ジェネレーションなどの用途で開発された55 kW級エンジンの原型となっている．

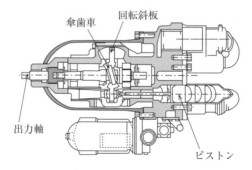

●図2.8 ダブルアクティング（複動）形エンジン

2.3 スターリングエンジンの出力取り出し機構

2.3.1 フリーピストンエンジン

スターリングエンジンの出力取り出し機構には，キネマティック形とフリーピストン形がある．前者は，2つのピストンがクランクなどの駆動機構によりリンクされ，機械的に

回転運動が得られる形式である．一方，後者は，パワーピストンに連結したリニア発電機あるいはポンプのプランジャにより往復動の出力を得る形式である．

　通常，図2.9に示すように両ピストンの位相角をガスバネや機械バネの振動系に依存するのが，フリーピストンエンジンである[5]．また，図2.10に示すようにγ形エンジンのディスプレーサを電気モータにより駆動し，ディスプレーサの運動によって生じる圧力変化でパワーピストンを駆動するセミフリーピストンエンジンも開発されている．

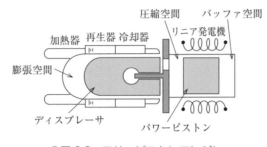

●図2.9　フリーピストンエンジン

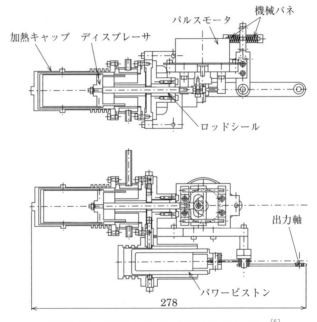

●図2.10　模型セミフリーピストンエンジン[5]

2.3.2　各種駆動機構の特徴

　キネマティックスターリングエンジンでは，さまざまな駆動機構が用いられる．以下，主な駆動機構を紹介する．

（1）単クランク機構

　図2.11に示す単クランク機構は，ピストンの往復運動を構成するための最も基本的となる機構であり，自動車用ガソリンエンジンなどに広く用いられている．部品数が少なく，シンプルな機構を構成できるという特徴があるが，次章で述べるようにピストンとシリンダの間に大きいサイドスラストが作用するため，他の機構と比べて摩擦損失が大きくなる

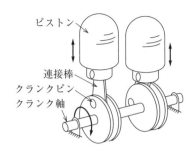

●図2.11　単クランク機構

ことがある.

　図2.12に示す機構は，偏心させた位置（中心よりストロークの1/2ずれた位置）に穴をあけた2つの円柱形状のクランクピンに1本の軸を貫通させたクランク機構である．加工精度をそれほど必要としない機構であり，多気筒化が容易な機構である．しかし，この機構は，偏心クランクや連接棒の重量が大きくなるため，動的なバランスを考慮しないと振動が大きくなるという欠点がある.

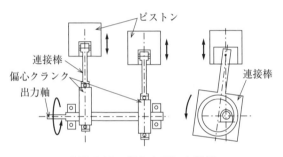

●図2.12　偏心クランク機構

（2）　クロスヘッドクランク機構

　図2.13に示すクロスヘッドクランク機構は，ピストンの下方にもう1つのピストン（クロスヘッド）を設けることで，ピストンにかかるサイドスラストを低減させる機構である．この機構は，従来から舶用ディーゼルエンジンなどで実績があり，信頼性が高い機構であるが，クロスヘッドでの摩擦が大きいこと，エンジンが大型化するなどの問題がある.

（3）　ロンビック機構

　図2.14に示すロンビック機構は2つの同一形状の歯車を利用した機構であり，ディスプレーサとパワーピストンとを同一シリンダに配置したβ形エンジンに用いられる機構である．サイドスラストを減少させるとともに，動的なバランスに優れた機構である.

（4）　スコッチ・ヨーク機構

　図2.15に示すスコッチ・ヨーク機構は，長穴形状に穴をあけられた連接棒の中を偏心したクランクピンが回転する機構である．図に示すようにガイドベアリングを設けることで，ピストンにかかるサイドスラストを減少させることができる．図2.6に示したβ形エンジンでも，このスコッチ・ヨーク機構を用いている.

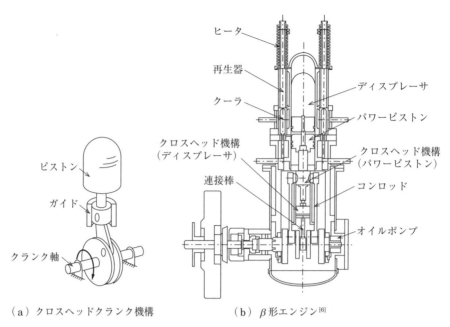

（ａ）クロスヘッドクランク機構　　　　　　（ｂ）β形エンジン[6]

●図 2.13　クロスヘッドクランク機構

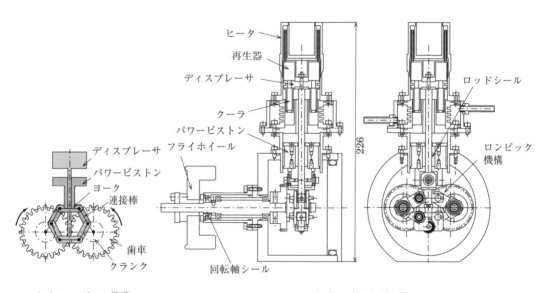

（ａ）ロンビック機構　　　　　　　　　（ｂ）β形エンジン[7]

●図 2.14　ロンビック機構

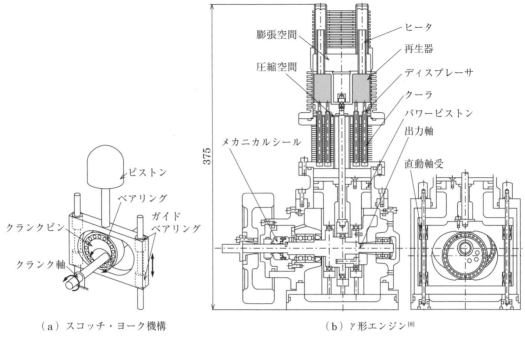

（a）スコッチ・ヨーク機構　　　　　　　　　（b）γ形エンジン[8]

●図2.15　スコッチ・ヨーク機構

（5）　ロス・ヨーク機構

　図2.16にロス・ヨーク機構を用いた模型スターリングエンジンを示す．この機構は，T字形クランクと3本のロッドおよびクランクより構成されている．ピストンにかかるサイドスラストを小さくできると同時に，小型化が可能な機構である．

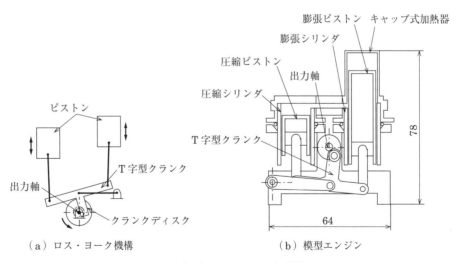

（a）ロス・ヨーク機構　　　　　　　　　（b）模型エンジン

●図2.16　ロス・ヨーク機構

第2章　スターリングエンジンの動作原理とその特徴

（6）　Z形クランク機構

　図2.17に示すZ形クランク機構は，回転する斜板を利用する機構である．この機構は，多気筒化が比較的容易であるが，部品点数が多くなり，複雑な形状の部品が増えるなどの欠点がある．

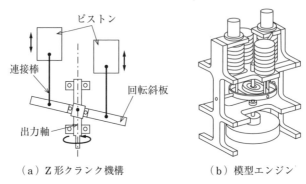

（a）Z形クランク機構　　　　（b）模型エンジン

●図2.17　Z形クランク機構

（7）　直線運動機構

　ピストンのサイドスラストを低減するために，スターリングエンジンの出力取り出し機構には，さまざまな直線運動機構が使われることがある[9][10]．

　図2.18（a）に示すワットの近似直線運動機構は，120～130年も昔の蒸気エンジンに採用されていたリンク機構である．図においてクランクディスクを回転させると，点Pは近似直線運動を行う．この機構は，往復運動部の直線精度が高いこと，回転部分が少なく無潤滑に適しているなどの特徴がある．

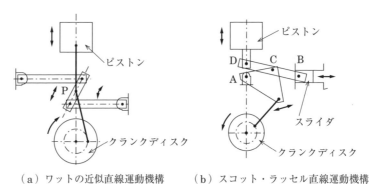

（a）ワットの近似直線運動機構　　（b）スコット・ラッセル直線運動機構

●図2.18　直線運動機構

　図2.18（b）に示すスコット・ラッセル直線運動機構は，リンクとスライダを組み合わせた機構であり，AC＝CD＝BCのとき厳正直線運動を行う．

　図2.19にサイドスラストを低減させるためのリンク機構を用いた模型スターリングエンジンを示す．これらのエンジンのように，L形クランクや揺動クランクを組み合わせることで容易にサイドスラストを低減する機構を構成することができる．

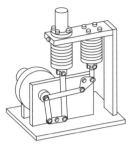
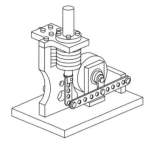

（a）L形クランクを用いた
模型エンジン
（b）揺動クランクを用いた
模型エンジン

●図2.19　リンク機構を用いた模型エンジン

（8）　位相角可変機構

　図2.20に示す位相角可変機構は，かさ歯車を利用することでエンジン運転中に2つの
ピストンの位相角を変化させることができる機構であり，この機構を用いることにより，
エンジンの出力制御を行うことができる．

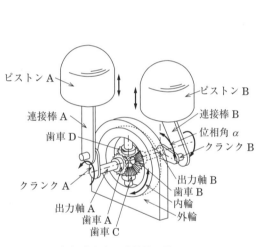
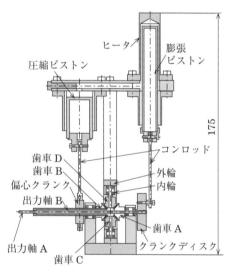

（a）位相角可変機構の構造
（b）位相角可変機構を用いた模型エンジン

●図2.20　位相角可変機構[11]

　位相角可変機構は，4個のかさ歯車，2本の出力軸および外輪，内輪より構成されてお
り，歯車Aと出力軸A，歯車Bと出力軸Bとはそれぞれ固定されている．また，出力軸
Aはクランクディスク，連接棒を介して膨張ピストンと連結されており，出力軸Bは偏
心クランク，連接棒を介して圧縮ピストンと連結されている．歯車Aと歯車Bとの間に
は，内輪に中心軸を固定した歯車Cおよび歯車Dとが挿入されており，出力軸Aと出力
軸Bとは互いに逆回転をする．この内輪を回転させることで，エンジン運転中に2つの
ピストン間の位相角を変化させることができる．

（9）　ストローク可変機構

　図2.21に示すストローク可変機構は，Z形クランクの支点の位置を変化させることで

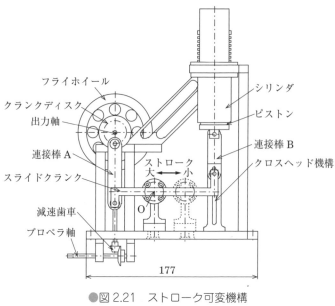

フライホイール
クランクディスク
出力軸
連接棒 A
スライドクランク
減速歯車
プロペラ軸

シリンダ
ピストン
連接棒 B
クロスヘッド機構

ストローク
大　小

O

177

●図2.21　ストローク可変機構

ピストンのストロークを変化させることができる．前述した位相角可変機構と同様に，エンジンの出力制御を行うことのできる機構である．

2.4　高性能エンジンと模型エンジン

　スターリングエンジンにおいて，実用的な出力・性能を得るためには，作動空間内に高圧の作動ガスを封入し，運転するのが一般的である．また，伝熱性能の向上や熱交換器における圧力損失の低減の観点から，ヘリウムなどの分子量の小さい作動ガスが用いられることが多い．

　また，高性能スターリングエンジンは，ヒータとクーラの間に再生器と呼ばれる蓄熱式熱交換器を配置している．再生器には，100 〜 150 メッシュ程度のステンレス製積層金網が蓄熱材としてよく用いられる．その役割は，高温の作動ガスが高温空間から低温空間に移動する際，蓄熱材に熱を授けて作動ガスを低温にして低温空間に移動させる．また，低温の作動ガスが低温空間から高温空間に移動する際，蓄熱材から受熱し高温にして高温空間に移動させる．この作用により，エンジンの効率を著しく向上させることができる．

　一方，本書で対象としている模型スターリングエンジンのほとんどは，大気圧空気で作動させている．また，ヒータ，再生器，そしてクーラが明白に存在しない形状が一般的である．簡単な構造のスターリングエンジンを設計・製作することはそれほど難しくない．

2.5　模型スターリングエンジンの構造

　図2.22に模型スターリングエンジンの一例，図2.23にその作動空間部を示す[12]．同エンジンの作動ガスには，大気圧の空気を使用する．その基本構成は，図2.2に示した α 形と同じであるが，ヒータ，再生器，クーラを明確には設けていない．

　作動ガスの加熱は，高温シリンダ壁面（加熱部）をアルコールランプあるいはガストー

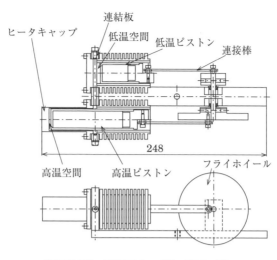

●図2.22　模型スターリングエンジン

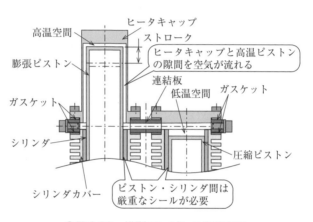

●図2.23　模型エンジンの作動空間

チを用いた加熱により行う．また，冷却は，高温空間と低温空間を連絡する連結部（冷却部）および低温空間シリンダ壁面が外気に接触し，空冷する単純な構成である．

　模型スターリングエンジンを製作する際の要点は，高温空間と低温空間との温度差を大きくすること，ピストン・シリンダからの空気漏れを少なくすること，駆動部での摩擦損失を小さくすることである．これらの3つの要点を押さえれば，模型スターリングエンジンを比較的簡単に動かすことができる．

2.6　スターリングエンジンの特徴と課題

　スターリングエンジンの注目点を列挙すると，次のようになる．
　①　理論的にカルノーサイクルと等しい高い熱効率を有する．
　②　外燃機関であるため熱源を選ばない．そのため，化石燃料の他にも，太陽熱やバイオマス，排熱などを利用できる．
　③　化石燃料を熱源に利用する場合，その燃焼は連続燃焼であるため排気ガスがクリーンである．

第2章　スターリングエンジンの動作原理とその特徴

④ 動力源となる作動ガスの圧力変動が正弦波状であるため，振動・騒音が小さい.

一方，スターリングエンジンには，次のような問題点がある.

① 高出力化・高効率化するために，作動ガスに高圧ガスを利用するため，エンジン本体が耐圧構造となり，出力当たりの重量が大きくなる.

② 熱交換器（ヒータ，クーラ）を介して作動ガスを加熱・冷却するとともに，スターリングサイクルを構成する上で不可欠な蓄熱式熱交換器（再生器）を必要とするため，材料および加工費が高価になる.

③ ガソリンエンジンと比較した場合，高圧ガスの漏れを防ぐシール機構ならびに熱源となる燃焼器が付加された構造となり，出力当たりの容積が大きくなる.

このように，内燃機関に比べて出力当たりの重量・容積・価格の面で劣っており，現状では内燃機関にとって代わることは難しい.しかし，スターリングエンジンは環境にやさしいエンジンであるため，世界各国でその実用化ならびに商品開発が進められている.

参 考 文 献

[1] N. Endo, Y. Hasegawa, E. Shinoyama, A. Tanaka, M. Tanaka, Y. Yamada, S. Takahashi, and I. Yamashita: "Test and evaluation method of the kinematic stirling engines and their application systems used in the moonlight project," Proc. 4th ISEC, pp.315-320, 1988

[2] K. Hirata, E. Ishimura, M. Kawada, T. Akazawa, and M. Iida : "Development of a marine heat recovery system with stirling engine generators," Proc. 13th ISEC, pp.331-336, 2007

[3] S. Iwamoto, F. Toda, K. Hirata, M. Takeuchi, and T. Yamamoto : "Comparison of low- and high temperature differential stirling engines," Proc. 8th ISEC, pp.29-38, 1997

[4] R. J. Meijer: "The STM4-120 stirling engine for solar applications," Proc. 4th ISEC, pp.189-192, 1988

[5] B. Goldwater: "Free-piston stirling engines: For space earth and ocean applications," Proc. 25th IECEC, Vol.5, p.328, 1990

[6] K. Hirata: "A semi free piston stirling engine for a fish robot," Proc. 10th ISEC, pp.146-151, 2001

[7] K. Hirata: "Development of a small 50W class stirling engine," Proc. 6th ISME, pp.235-240, 2000

[8] K. Hirata, N. Kagawa, M. Takeuchi, I. Yamashita, N. Isshiki, and K. Hamaguchi : "Test results of applicative 100 W stirling engine," Proc. 31st IECEC, Vol.2, pp.1259-1264, 1996

[9] 別役萬愛：メカニズム，技報堂出版，1979

[10] 伊藤 茂：メカニズムの事典，理工学社，1983

[11] K. Hirata, S. Tsukahara, and M. Kuwabara: "Model stirling engine with variable phase angle mechanism," Proc. 7th ICSC, pp.507-512, 1995

[12] 平田宏一："ものづくりを始めよう！ 第2回 ものづくり事例〜模型スターリングエンジン編〜"，機械設計，Vol.55，No.2，pp.86-91，2007

スターリングエンジンの基礎理論

　スターリングエンジンの性能を理解し，より高出力・高性能なエンジンを設計するためには，熱力学的な性能解析が不可欠である．本章では，スターリングエンジンの理論サイクルであるスターリングサイクルを理解するための熱力学，ピストン運動を理解するためのクランク機構の力学，さらにスターリングエンジンの設計に役立つ等温モデルおよびシュミット理論と呼ばれる解析法について説明する．

3.1　スターリングサイクルの熱力学

3.1.1　SI単位系

　現在の工学分野では，国際的に統一された単位系である SI 単位系が使用されている．SI 単位系は，各種の単位を合理的に組み立ててあるため，単位間の換算を必要としないという特徴がある．表 3.1 に SI 単位系の構成を示す．これらのうち，熱力学に用いられる重要な単位は，次のとおりである．

▼表 3.1　SI 単位系の構成

分類	量	名称	記号
基本単位	長さ	メートル	m
	質量	キログラム	kg
	時間	秒	s
	電流	アンペア	A
	温度	ケルビン	K
	物質量	モル	mol
	光度	カンデラ	cd
補助単位	平面角	ラジアン	rad
	立体角	ステラジアン	sr

分類	単位に乗ぜられる倍数	名称	記号
接頭語	10^{12}	テラ	T
	10^{9}	ギガ	G
	10^{6}	メガ	M
	10^{3}	キロ	k
	10^{2}	ヘクト	h
	10^{1}	デカ	da
	10^{-1}	デシ	d
	10^{-2}	センチ	c
	10^{-3}	ミリ	m
	10^{-6}	マイクロ	μ
	10^{-9}	ナノ	n
	10^{-12}	ピコ	p
	10^{-15}	フェムト	f
	10^{-18}	アト	a

▼表3.1　つづき

分類	量	名称	記号	組立方法
組立単位	面積	平方メートル	m^2	
	体積	立方メートル	m^3	
	速度	メートル毎秒	m/s	
	加速度	メートル毎秒毎秒	m/s^2	
	波数	毎メートル	m^{-1}	
	密度	キログラム毎立方メートル	kg/m^3	
	電流密度	アンペア毎平方メートル	A/m^2	
	磁界の強さ	アンペア毎メートル	A/m	
	（物質量の）濃度	モル毎立方メートル	mol/m^3	
	放射能	毎秒	s^{-1}	
	比体積（比容積）	立方メートル毎キログラム	m^3/kg	
	輝度	カンデラ毎平方メートル	cd/m^2	
組立単位（固有の名称を持つ）	周波数	ヘルツ	Hz	$1\,Hz = 1\,s^{-1}$
	力	ニュートン	N	$1\,N = 1\,kg \cdot m/s^2$
	圧力，応力	パスカル	Pa	$1\,Pa = 1\,N/m^2$
	エネルギー，仕事，熱量	ジュール	J	$1\,J = 1\,N \cdot m$
	仕事率	ワット	W	$1\,W = 1\,J/s$
	電荷，電気量	クーロン	C	$1\,C = 1\,A \cdot s$
	電位，電位差，電圧，起電力	ボルト	V	$1\,V = 1\,J/C$
	静電容量，キャパシタンス	ファラッド	F	$1\,F = 1\,C/V$
	電気抵抗	オーム	Ω	$1\,\Omega = 1\,V/A$
	コンダクタンス	ジーメンス	S	$1\,S = 1\,\Omega$
	磁束	ウェーバ	Wb	$1\,Wb = 1\,V \cdot s$
	磁束密度，磁気誘導	テスラ	T	$1\,T = 1\,Wb/m^2$
	インダクタンス	ヘンリー	H	$1\,H = 1\,Wb/A$
	光束	ルーメン	lm	$1\,lm = 1\,cd \cdot sr$
	照度	ルクス	lx	$1\,lx = 1\,lm/m^2$

（1）温　　度

温度の単位は，絶対温度である K（ケルビン）を用いる．一般に用いられている摂氏（℃）との関係は，摂氏の温度を t〔℃〕，絶対温度を T〔K〕とすると，次式の関係がある．

$$T = t + 273.15 \tag{3.1}$$

（2）力

力の単位には，N（ニュートン）を用いる．1 N は，質量が 1 kg の物体に作用して $1\,m/s^2$ の加速度を生じる力として定義されている．

（3）圧　　力

圧力とは，単位面積（$1\,m^2$）当たりに加わる力〔N〕であり，Pa（パスカル）の単位が用いられる．圧力には多くの単位が混用されているため，特に注意する必要がある．表3.2 に圧力単位の換算を示す．なお，大気圧（$1\,kgf/cm^2$）は 101.3 kPa である．

▼表3.2　圧力単位の換算

単位の種類	at（kgf/cm^2）	mmHg（Torr）	atm（760 mmHg）	bar（10^5 Pa）
1 at	1	735.56	0.96784	0.980665
1 000 mmHg	1.35951	1 000	1.31579	1.333224
1 atm	1.03323	760	1	1.013250
1 bar = 10^5 Pa	1.01972	750.06	0.98692	1

（4） 仕事，熱量，エネルギー

仕事，熱量およびエネルギーの単位には，J（ジュール）が用いられる．1Jは，1Nの力が物体に作用して1mの距離を動かすときの仕事に相当する．従来，熱量の単位としてcal（カロリー）が用いられてきた．calとJには次式の関係がある．

$$1 \, [\text{J}] = \frac{1}{4.186} \, [\text{cal}] \tag{3.2}$$

（5） 出　　力

SI単位系では，出力（仕事率）の単位としてW（ワット）の単位が用いられる．1Wは，1秒当たりに1Jの仕事をするときの出力である．同様に，Wの単位は，単位時間当たりの熱量や電気エネルギー（電圧×電流）を表す単位としても用いられる．

従来，エンジンの出力の単位には，PS（馬力）が用いられることが多かった．PSとWには，次式の関係がある．

$$1 \, [\text{PS}] = 735.5 \, [\text{W}] \tag{3.3}$$

3.1.2 熱 と 仕 事

（1） 理 想 ガ ス

理想ガスとは仮想上のガスであり，式（3.4）に示す状態式を満たすガスである．

$$PV = mRT \tag{3.4}$$

ここで，圧力 P〔Pa〕，容積 V〔m^3〕，ガスの質量 m〔kg〕，絶対温度 T〔K〕，ガス定数 R〔J/(kg·K)〕である．

式（3.4）は実際のガスに対して近似的に満足するため，厳密な計算を行う場合を除けば，実在ガスを理想ガスと見なして差し支えなく，スターリングエンジンの性能計算を行う際には，この状態式を満たすと仮定するのが一般的である．なお，ガス定数はガスの種類によって決定される値であり，空気のガス定数 R は 2.87×10^2 J/(kg·K) である．

（2） 熱力学第1法則

熱力学第1法則は，熱力学や熱機関を理解する上でとても重要である．この法則を言葉で表すと，「熱を仕事に変えることができ，また逆に仕事を熱に変えることもできる」となる．この法則を式で表すと

$$\Delta Q = \Delta U + \Delta W \tag{3.5}$$

となる．ここで，ΔQ は物体に加えた熱量，ΔU は内部エネルギーの変化，ΔW は物体が外部に対して行う仕事である．内部エネルギーとは，物体の持つエネルギーの総和から力学的エネルギー（運動エネルギーおよび位置エネルギー），電気エネルギーを差し引いたエネルギーであり，物体の温度だけに依存する．

広い意味で考えると，熱力学第1法則はエネルギー保存の法則であるといえる．すなわち，「エネルギーを消費しないで継続して仕事を発生できる機械は実現できない」ということを示す．

（3） ガスが膨張する際の仕事

前述したように，1Jの仕事とは，1Nの力が物体に作用して1mの距離を動かすときに必要な仕事である．すなわち，加えた力〔N〕と移動した距離〔m〕との積が仕事〔J〕となる．

一般にエンジンは，ガスの膨張・圧縮を利用して仕事を発生させる．ここで，図3.1に示すシリンダ・ピストン系におけるシリンダ内部のガスが膨張する際の仕事を求める．

第3章 スターリングエンジンの基礎理論

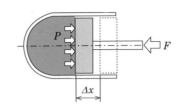

●図 3.1　シリンダ内のガスの膨張

ピストンの断面積を A〔m²〕，ガスの圧力を P〔Pa〕とすると，ピストンにかかる力 F〔N〕は次式になる．

$$F = P \cdot A \tag{3.6}$$

力 F によってピストンが Δx〔m〕の距離を動いたとすると，その間にガスが外部に行った仕事 ΔW〔J〕は次式になる．

$$\Delta W = P \cdot A \cdot \Delta x \tag{3.7}$$

ここで，ガスの容積変化 ΔV〔m³〕は，次のように表される．

$$\Delta V = A \cdot \Delta x \tag{3.8}$$

したがって，式（3.7）は次のようになる．

$$\Delta W = P \cdot \Delta V \tag{3.9}$$

式（3.9）は，ガスが膨張する際の仕事を表しており，ガスの圧力とガスの容積変化との積で表されることがわかる．また，ΔV が負の場合には，ガスを圧縮させる際に必要な仕事となる．その場合，ΔW は負となり，ガスが外部から仕事をされるという意味になる．

3.1.3　P–V 線図と図示仕事

一定量のガスの圧力 P と容積 V とをそれぞれグラフの縦軸および横軸にとり，その状態の変化を表したグラフを P–V 線図という．

図 3.2 において，ガスが状態 1 から状態 2 まで変化した場合，この間にガスが外部にした仕事 W_{12} は式（3.10）で表される．

$$W_{12} = \int_{V_1}^{V_2} P \cdot dV \tag{3.10}$$

この式は，前節で述べたガスが膨張する際の仕事をより数学的に表したものである．図 3.2 において仕事 W_{12} は斜線部分の面積となる．すなわち，仕事は P–V 線図上の変化を

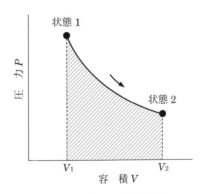

●図 3.2　ガスの膨張と仕事

表す曲線の下側の面積により表される.

　また，ガスが圧縮される場合，すなわち図3.2において，ガスが状態2から状態1まで変化する場合の仕事 W_{21} は負となり，この間にガスは外部から仕事をされたこととなる.

　図3.3の P-V 線図において状態3から状態4まで変化を行う場合，経路Aを経てガスがする仕事 W_A と経路Bを経てガスがする仕事 W_B とでは，それぞれの経路における下側の面積から，$W_A > W_B$ であることがわかる. すなわち，最初と最後の状態が同じであっても，変化の経路が異なる場合には，ガスがする仕事も異なる.

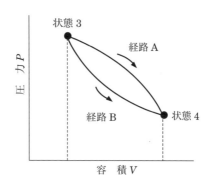

●図 3.3　変化の経路と仕事

3.1.4　理想ガスの可逆変化

　ガスの状態変化の特別な例として，等温のもとで行われる変化（等温変化），一定の容積のもとで行われる変化（定容変化），一定の圧力のもとで行われる変化（定圧変化），外部と熱交換のない変化（断熱変化）がある. なお，定圧変化および断熱変化は，後述するスターリングエンジンの理論サイクルには直接関係しないが，熱力学において重要であるので，ここで簡単に解説する.

（1）等温変化

　図3.4（a）に等温変化を行わせた際の P-V 線図を示す. 温度 T =一定であるので，ガスの状態式より次の関係を満たしながら変化を行う.

$$P_1 V_1 = P_2 V_2 = mRT \tag{3.11}$$

　ここで，状態1から状態2まで変化する場合の仕事 W_{12} は，式（3.10）に $P = mRT/V$ を代入することにより，次式が得られる.

$$W_{12} = mRT \cdot \log_e \frac{V_2}{V_1} = P_1 V_1 \cdot \log_e \frac{V_2}{V_1} \tag{3.12}$$

　また，内部エネルギーの変化 U_{12} は温度のみの関数であるため，次式が成り立つ.

$$U_{12} = 0 \tag{3.13}$$

　したがって，ガスが外部から供給される熱量 Q_{12} は熱力学第1法則より，次式になる.

$$Q_{12} = W_{12} = mRT \cdot \log_e \frac{V_2}{V_1} \tag{3.14}$$

第3章　スターリングエンジンの基礎理論

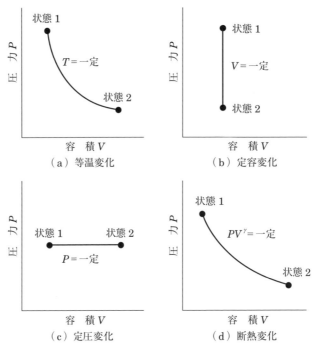

●図3.4　理想ガスの可逆変化

（2）定容変化

図3.4（b）に定容変化を行わせた場合の P-V 線図を示す．容積 V＝一定であるので，P/T＝一定を満たしながら変化する．容積変化がなく，状態1から状態2までの間でガスは仕事 W_{12} を行わないため，次の関係が成り立つ．

$$W_{12} = 0 \tag{3.15}$$

また，内部エネルギーの変化 U_{12} および供給熱量 Q_{12} は定容比熱 c_v〔J/（kg·K）〕を用いると，次式で表される．

$$U_{12} = mc_v(T_2 - T_1) \tag{3.16}$$

$$Q_{12} = U_{12} = mc_v(T_2 - T_1) \tag{3.17}$$

なお，c_v は，ガスの種類により決まる物性値である．

（3）定圧変化

図3.4（c）に定圧変化を行わせた場合の P-V 線図を示す．圧力 P＝一定であるので，V/T＝一定を満たしながら変化する．状態1から状態2までの間の仕事 W_{12} は，次の関係になる．

$$W_{12} = P(V_2 - V_1) \tag{3.18}$$

したがって，内部エネルギーの変化 U_{12} および供給熱量 Q_{12} は，定圧比熱 c_p〔J/（kg·K）〕を用いると，次式が成り立つ．

$$\Delta U = Q_{12} - P(V_2 - V_1) \tag{3.19}$$

$$Q_{12} = mc_p(T_2 - T_1) \tag{3.20}$$

（4）断熱変化

図3.4（d）に断熱変化を行わせた場合の P-V 線図を示す．断熱変化は，ガスと外部の空間で熱交換がない場合の変化である．ここでは，途中の計算式の展開は省略し，結果の

みを記す.

断熱変化の場合，状態 1 から状態 2 まで変化するときの圧力 P_1, P_2 および容積 V_1, V_2 の関係は，次のように表される.

$$P_1 V_1^{\gamma} = P_2 V_2^{\gamma} \qquad (3.21)$$

ここで，γ は比熱比（$= c_p / c_v$）である（空気の場合は，$\gamma = 1.4$）.

状態 1 から状態 2 まで変化するときにガスのする仕事 W_{12}，内部エネルギーの変化 U_{12} および供給熱量 Q_{12} は次のようになる.

$$W_{12} = \frac{1}{\gamma - 1} (P_1 V_1 - P_2 V_2) = mc_v(T_1 - T_2) \qquad (3.22)$$

$$U_{12} = -W_{12} = mc_v(T_2 - T_1) \qquad (3.23)$$

$$Q_{12} = 0 \qquad (3.24)$$

3.1.5 ガスサイクル

（1） サイクルと図示仕事

状態変化を P‑V 線図に示した場合，変化の経路が異なると，ガスがする仕事も異なる. ここで，図 3.5 に示す状態変化を考える. この図は，状態 1 から経路 A を経て状態 2 まで変化し，その後，経路 B を経て状態 1 に戻ることを示している. このように，ある状態から別の状態を経て，元の状態に戻る状態変化をサイクルという.

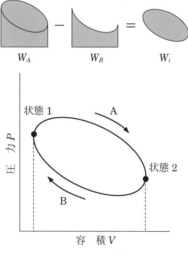

●図 3.5 サイクルと図示仕事

図 3.5 において，状態 1 から状態 2 まで変化する際にガスがする仕事 W_A は，曲線 1‑A‑2 の下側の面積となり，状態 2 から状態 1 まで変化する際にガスがする仕事 W_B（ガスが圧縮されるので，仕事は負となる）は，曲線 2‑B‑1 の下側の面積となる. すなわち，このサイクルが 1 サイクル当たりに行う仕事 W_i は，それぞれの面積の差となり，閉空間の面積となることがわかる. この関係を式で表すと，次のようになる.

$$W_i = \oint P \cdot dV \qquad (3.25)$$

ここで，右辺の積分は 1 サイクルの積分（周積分）を表す記号であり，仕事 W_i は 1 サ

イクル当たりの仕事を表している．このように，P-V線図の面積より算出する仕事を図示仕事と呼ぶ．

（2）　サイクルと熱効率

外部に仕事を行うサイクル（熱機関）は，必ず外部から熱量が供給されなければならない．これは，熱力学第1法則（エネルギー保存則）を考えれば明白である．ここで，1サイクル当たりに外部にする図示仕事をW_i，1サイクル当たりに外部から供給される熱量をQとすると，このサイクルの熱効率（図示熱効率）η_iは次式で定義される．

$$\eta_i = \frac{W_i}{Q} \tag{3.26}$$

熱力学第1法則より，常に$Q > W_i$であるので，熱効率ηは必ず1以下となる．

また，実際のエンジンでは，周辺への熱損失や機構部での摩擦などによる機械損失があるため，実際にエンジンから発生する仕事は，P-V線図により求めた図示仕事よりも低くなる．実際に発生する仕事と供給熱量との比を正味熱効率，図示仕事と供給熱量との比を図示熱効率と呼び，熱効率を区別する．

（3）　各種エンジンの理論サイクル

一般的なエンジンの理論サイクルは，前述した等温変化，定容変化，定圧変化および断熱変化の組み合わせにより成り立つ．代表的なサイクルは，次のとおりである．

①　オットーサイクル

オットーサイクルは，ガソリンエンジンなどの火花点火エンジンの理論サイクルである．図3.6（a）にオットーサイクルのP-V線図を示す．このサイクルは，定容加熱（A-B），断熱膨張（B-C），定容冷却（C-D），断熱圧縮（D-A）の各過程を繰り返す．オットーサイクルの図示熱効率η_iは圧縮比ε（$= V_{max}/V_{min}$）および比熱比γを用いて次式で表される．

$$\eta_i = 1 - \frac{1}{\varepsilon^{\gamma-1}} \tag{3.27}$$

すなわち，オットーサイクルの図示熱効率は，圧縮比を大きくするほど高くなることがわかる．

②　ディーゼルサイクル

ディーゼルサイクルは，圧縮点火エンジン（ディーゼルエンジン）の理論サイクルである．図3.6（b）にディーゼルサイクルのP-V線図を示す．このサイクルは，定圧加熱（A-B），断熱膨張（B-C），定容冷却（C-D），断熱圧縮（D-A）

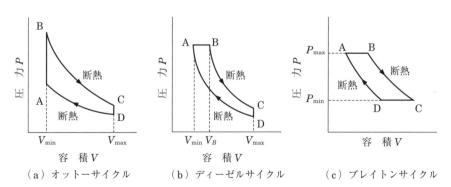

（a）オットーサイクル　　　（b）ディーゼルサイクル　　　（c）ブレイトンサイクル

●図3.6　各種エンジンの理論サイクル

の各過程を繰り返す．ディーゼルサイクルの図示熱効率 η は，圧縮比 ε（$= V_{\max}/V_{\min}$），締切比 ρ（$= V_B/V_{\min}$）および比熱比 γ を用いて次式で表される．

$$\eta = 1 - \frac{1}{\varepsilon^{\gamma-1}} \frac{\rho^{\gamma}-1}{\gamma(\rho-1)} \tag{3.28}$$

すなわち，ディーゼルサイクルの図示熱効率は，オットーサイクルの図示熱効率と同様に，圧縮比を大きくするほど高くなることがわかる．また，締切比が 1 に近づくほど図示熱効率は高くなる．

③ ブレイトンサイクル

ブレイトンサイクルは，ガスタービンの理論サイクルである．図3.6（c）にブレイトンサイクルの P-V 線図を示す．このサイクルは，定圧加熱（A-B），断熱膨張（B-C），定圧冷却（C-D），断熱圧縮（D-A）の各過程を繰り返す．ブレイトンサイクルの図示熱効率 η_i は，圧力比 φ（$= P_{\max}/P_{\min}$）および比熱比 γ を用いて次式で表される．

$$\eta_i = 1 - \left(\frac{1}{\varphi}\right)^{\frac{\gamma-1}{\gamma}} \tag{3.29}$$

すなわち，ブレイトンサイクルの図示熱効率は，圧力比のみの関数で表され，圧力比が大きいほど高くなることがわかる．

3.1.6 スターリングサイクル

スターリングエンジンにおける理想的なサイクルは，図3.7（a）の P-V 線図で示されるスターリングサイクルである．スターリングサイクルは，定容加熱（A-B），等温膨張（B-C），定容冷却（C-D），等温圧縮（D-A）の各過程から構成されている．

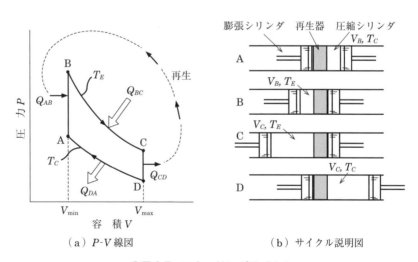

（a）P-V 線図　　　　（b）サイクル説明図

●図3.7 スターリングサイクル

ここで，内部のガスの質量を m（$=$一定），ガス定数を R，定容比熱を c_v とし，内部のガスが理想ガスであると仮定する．また，定容加熱および定容冷却過程における容積をそれぞれ $V_{\min}$，$V_{\max}$ とし，等温膨張および等温圧縮過程における温度をそれぞれ T_E，T_C とする．

定容加熱（A-B）のときの供給熱量 Q_{AB} および仕事 W_{AB} は，式（3.15），式（3.17）

より次のようになる.

$$Q_{AB} = mc_v(T_E - T_C) \tag{3.30}$$

$$W_{AB} = 0 \tag{3.31}$$

等温膨張（B‐C）のときの供給熱量 Q_{BC} および仕事 W_{BC} は，式 (3.12)，式 (3.14) より次のようになる.

$$Q_{BC} = mRT_E \cdot \log_e \frac{V_{\max}}{V_{\min}} \tag{3.32}$$

$$W_{BC} = Q_{BC} = mRT_E \cdot \log_e \frac{V_{\max}}{V_{\min}} \tag{3.33}$$

定容冷却（C‐D）のときの放熱量 Q_{CD} および仕事 W_{CD} は，次のようになる.

$$Q_{CD} = -mc_v(T_E - T_C) \tag{3.34}$$

$$W_{CD} = 0 \tag{3.35}$$

等温圧縮（D‐A）のときの放熱量 Q_{DA} およびガスが外部からされる仕事 W_{DA} は，次のようになる.

$$Q_{DA} = -mRT_C \cdot \log_e \frac{V_{\max}}{V_{\min}} \tag{3.36}$$

$$W_{DA} = Q_{DA} = -mRT_C \cdot \log_e \frac{V_{\max}}{V_{\min}} \tag{3.37}$$

ここで，前章で述べた再生器の役割を考える．再生器での熱損失がない場合（再生器効率 η_R が1の場合），C‐D間で捨てた熱量 Q_{CD} をすべてA‐B間で受け取る熱量 Q_{AB} に用いることができる．この場合，1サイクル当たりの供給熱量 Q_{in} は次の関係になる.

$$Q_{\mathrm{in}} = Q_{BC} \tag{3.38}$$

また，式 (3.33)，式 (3.37) より1サイクル当たりの図示仕事 W_i は，次の関係が成り立つ.

$$W_i = W_{BC} + W_{DA} \tag{3.39}$$

したがって，図示熱効率 η_i は，次のようになる.

$$\eta_i = \frac{W_i}{Q_{\mathrm{in}}} = 1 - \frac{T_C}{T_E} \tag{3.40}$$

式 (3.40) は熱効率として理論上最も高いカルノーサイクルの熱効率と同じである.

次に，再生器の性能が不完全な場合を考える．再生器性能が不十分な場合，図3.7 (a) に示す定容加熱過程（A‐B）においてガス温度が T_C から T_L（$<T_E$）まで上昇し，定容冷却過程（C‐D）においてガス温度が T_L から T_C まで下降すると仮定する．この場合，再生器効率 η_R は，次式で定義される.

$$\eta_R = \frac{T_L - T_C}{T_E - T_C} \tag{3.41}$$

再生器性能が不十分な場合，定容加熱過程（A‐B）において作動ガス温度 T_C は T_L（$<T_E$）にしか到達せず，T_L から T_E まで増加させるための外部からの加熱が必要になる．そのために必要となる供給熱量 Q_R は，次式で与えられる.

$$Q_R = mc_v(T_E - T_L) \tag{3.42}$$

一方，定容冷却過程（C‐D）における放熱量は，式 (3.34) で求まる熱量であるとして差し支えない．すなわち，再生器性能が不十分な場合の1サイクル当たりの供給熱量 Q_{in} は，次式になる.

$$Q_{\mathrm{in}} = Q_{BC} + Q_R \tag{3.43}$$

式（3.39）より求まる 1 サイクル当たりの図示仕事 W_i を用いると，再生器性能が不十分な場合の図示熱効率 η_i は，次式で表される．

$$
\begin{aligned}
\eta_i &= \frac{W_i}{Q_{\mathrm{in}}} \\
&= \frac{mR\left(T_E - T_C\right) \cdot \log_e \dfrac{V_{\max}}{V_{\min}}}{mRT_E \cdot \log_e \dfrac{V_{\max}}{V_{\min}} + mc_v\left(T_E - T_L\right)} \\
&= \frac{T_E - T_C}{T_E + \dfrac{c_v\left(T_E - T_C\right)\left(1 - \eta_R\right)}{R \cdot \log_e \dfrac{V_{\max}}{V_{\min}}}}
\end{aligned}
\tag{3.44}
$$

図 3.8 は再生器効率がスターリングサイクルの図示熱効率に及ぼす影響の計算例である．この図によると，再生器性能が完全な場合（$\eta_R = 1$）の図示熱効率 η_i は 0.5 であるが，再生器性能が不完全なほど図示熱効率は低下し，再生器が全く機能しない場合（$\eta_R = 0$）の図示熱効率 η_i はわずか 0.136 である．すなわち，再生器は，スターリングサイクルの熱効率向上に大きく影響していることがわかる．

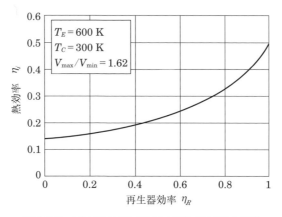

●図 3.8 図示熱効率に及ぼす再生器効率の影響

3.1.7 正サイクルと逆サイクル

スターリングエンジンの熱力学上の理論サイクルであるスターリングサイクルは，2 つの等温過程と 2 つの定容過程より構成され，理論熱効率はカルノーサイクルと同じである．また，スターリングサイクルは，加熱・膨張・冷却・圧縮を繰り返すエンジンのサイクルを逆にした冷凍サイクルとしても機能する．

図 3.9 はスターリングサイクルにおける作動ガスの温度 T とエントロピ S の関係（T-S 線図）を示している．図 3.9（a）は正サイクルと呼ばれ，外部から作動ガスを加熱・冷却することにより動作するスターリングエンジンのサイクルを表している．図 3.9（b）は逆サイクルと呼ばれるスターリング冷凍機，そして図 3.9（c）はスターリングエンジンとスターリング冷凍機の機能を合わせたヴィルミエヒートポンプ（ヴィルミエサイクル）である．図中の T_E と T_C は高温空間温度と低温空間温度，T_K は冷凍を生成する空間温度，Q_{in} は加熱量，Q_{out} は冷却熱量，そして Q_K は冷凍熱量を表している．

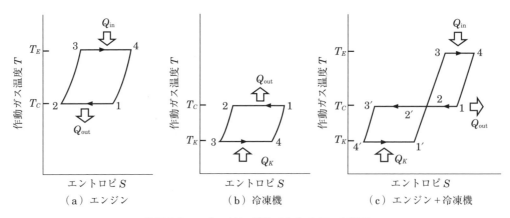

●図3.9 スターリングサイクルの T-S 線図

　スターリング冷凍機は，外部から動力を与えて作動ガスを圧縮し，その際に発生する圧縮熱を周辺環境に放熱後，膨張させると低温を生成する冷凍機になる．これは，フロンを使用しない冷凍機や空調機になる．すでに本サイクルを利用したスターリング冷凍機は，極低温用の冷凍機（80 K，20 K）として実用化され，液体窒素生成装置，超高真空を得るためのクライオポンプ，赤外線カメラの画素子冷却などに使用されている．

　また，ヴィルミエヒートポンプは，空調用の脱フロンヒートポンプとして注目され，その開発が一時期盛んに行われた．

3.2 クランク機構の力学

3.2.1 クランク機構の重要性

　密閉サイクルであるスターリングエンジンは，熱交換器の損傷や性能低下を防ぐためにピストンとシリンダの間を無潤滑で作動させる必要がある．また，摩擦抵抗を少なくし，ピストン・シリンダ間からの作動ガスの漏れを少なくするためには，直線運動を行う出力取り出し機構が望ましい．

3.2.2 単クランク機構の力学

　ここでは，出力取り出し機構の中でも最も基本的な単クランク機構（図2.11参照）について説明する．

　（1） 変位，速度，加速度

　図3.10に示すような連接棒長さ L_{con}，クランク半径 R の単クランク機構を考え，連接棒長さ比 λ を次式で定義する．

$$\lambda = \frac{L_{con}}{R} \tag{3.45}$$

　上死点からのピストンの変位 x は，上死点からのクランク角度 θ を用いて，次式で表される．

$$x = R\left\{(1-\cos\theta) + \lambda\left(1 - \sqrt{1 - \frac{1}{\lambda^2}\sin^2\theta}\right)\right\} \tag{3.46}$$

　式（3.46）は，近似的に次式で表すことができる．

$$x \doteqdot R \left\{ (1 - \cos\theta) + \frac{1}{4\lambda} (1 - \cos 2\theta) \right\} \tag{3.47}$$

したがって，ピストンの速度 v および加速度 a は，時間 t および角速度 ω を用いて，次式で表される．

$$v = \frac{dx}{dt} = \frac{dx}{d\theta} \cdot \frac{d\theta}{dt} \cong R\omega \left(\sin\theta + \frac{1}{2\lambda} \sin 2\theta \right) \tag{3.48}$$

$$a = \frac{dv}{dt} \doteqdot R\omega^2 \left(\cos\theta + \frac{1}{\lambda} \cos 2\theta \right) \tag{3.49}$$

ここで，連接棒長さ L_{con} がクランク半径 R に対して十分に大きい場合，式(3.47)～(3.49)は次式で表される．

$$x \doteqdot R\,(1 - \cos\theta) \tag{3.50}$$

$$v = \frac{dx}{dt} \doteqdot R\omega \sin\theta \tag{3.51}$$

$$a = \frac{dv}{dt} \doteqdot R\omega^2 \cos\theta \tag{3.52}$$

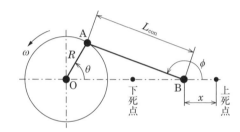

●図 3.10　単クランク機構の計算モデル

図 3.11 にクランク半径を 4 mm，エンジン回転数を 40 Hz（2 400 rpm）とした場合のピストン変位，速度および加速度の計算例を示す．

なお，角速度 ω 〔rad／s〕と毎秒当たりのエンジン回転数 f〔Hz〕とは，次式の関係がある．

$$\omega = 2\pi f \tag{3.53}$$

（2）　ピストンに作用する力およびトルク

単クランク機構におけるピストンには，ガス圧力による力，往復部質量による慣性力およびピストンの重力が作用する．模型エンジンにおいて，慣性力および重力は，ガス圧力による力に対して極めて小さいため，設計の際にはそれらの力を無視しても差し支えない．

ガス圧力によってピストンに働く力 F_p は，ピストン断面積 A_p，ガス圧力 P およびバッファ圧力（ピストン背面の圧力）P_b を用いて，次式により算出される．

$$F_p = A_p (P - P_b) \tag{3.54}$$

図 3.12 に示すようにピストンに作用する力 F_p は，連接棒を介してクランクピンに伝わる．連接棒に働く力 F_{rod} は，クランクピンの中心点 B において半径方向の成分 F_r と円周方向の成分 F_t とに分解される．すなわち，F_t とクランク半径 R との積が，エンジンのトルク T_q〔N・m〕となる．以上を式で表すと，次式となる．

$$F_{rod} = \frac{F_p}{\sqrt{1 - \dfrac{1}{\lambda^2} \sin^2\theta}} \doteqdot F_p \tag{3.55}$$

第
3
章

スターリングエンジンの基礎理論

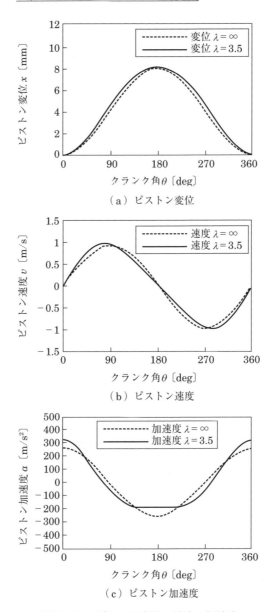

（a）ピストン変位

（b）ピストン速度

（c）ピストン加速度

●図 3.11　ピストン変位，速度，加速度

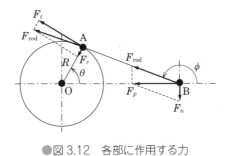

●図 3.12　各部に作用する力

$$F_t \fallingdotseq F_p \left(\sin\theta + \frac{1}{2\lambda}\sin 2\theta \right) \tag{3.56}$$

$$T_q = F_t R \fallingdotseq F_p R \left(\sin\theta + \frac{1}{2\lambda}\sin 2\theta \right) \tag{3.57}$$

ここで，連接棒長さ L_{con} がクランク半径 R に対して十分に大きい場合，式（3.57）は次式で表される．

$$T_q \fallingdotseq F_p R \sin\theta \tag{3.58}$$

α 形スターリングエンジンの場合，膨張側および圧縮側の2つのピストンでそれぞれのトルクを計算する必要がある．一方，ディスプレーサ形スターリングエンジンでは，ディスプレーサの上下の空間での圧力差は極めて小さく，ディスプレーサ軸の断面積も極めて小さいため，そのトルクを無視することができる．すなわち，パワーピストンのトルクだけを算出すればよい．

図3.13に模型エンジン（α形）のトルク計算例を示す．ただし，連接棒長さはクランク半径に対して十分に大きいと考えて，式（3.58）を用いてトルクを算出している．図中の二点鎖線は平均トルクを示している．図に示すようにスターリングエンジンのトルクは，常に変動している．回転トルクが平均トルクよりも大きいときには回転角速度は上昇し，回転トルクが平均トルクよりも小さいときには回転角速度は低下する．すなわち，エンジンをより小さい回転変動で運転させるためには，後述するように適切な慣性モーメントを持つフライホイールを設ける必要がある．

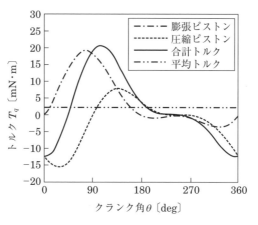

●図 3.13　模型エンジンのトルク

（3）　サイドスラスト

図3.12からわかるように単クランク機構では，ピストンがシリンダ壁を押す力が生じる．サイドスラスト F_n は，シリンダ軸に沿った力 F_p によってピストンがシリンダ壁に押しつけられる力であり，次式で表される．

$$F_n \fallingdotseq F_p \frac{\dfrac{1}{\lambda}\sin\theta}{\sqrt{1-\dfrac{1}{\lambda^2}\sin^2\theta}} \tag{3.59}$$

このサイドスラストの大きさがピストン・シリンダ間の摩擦に大きく影響するため，単

第3章　スターリングエンジンの基礎理論

クランク機構を設計する上で重要な要素となる．図3.14に連接棒比λをパラメータとしたクランク角とサイドスラストとの関係を示す．この図よりサイドスラストを小さくするためには，連接棒比λを大きくするとよいことがわかる．

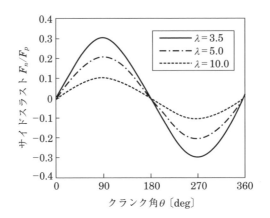

●図3.14　クランク角とサイドスラストとの関係

3.2.3　トルク変動とフライホイール

図3.15に示すスターリングエンジンのトルク変動曲線を考える．前述したように，平均トルクT_{qm}より大きいトルクが発生している場合にエンジンは加速され，平均トルクT_{qm}より小さい場合にエンジンは減速される．ここで，1サイクル中の最高角速度を$\omega_{\max}$〔rad/s〕，最低角速度を$\omega_{\min}$〔rad/s〕とすると，$\omega_{\min}$から$\omega_{\max}$まで加速する際に必要なエネルギーΔE〔J〕は，フライホイールの慣性モーメントI〔kg·m^2〕を用いて，次式で表される．

$$\Delta E = \frac{I}{2}\left(\omega_{\max}{}^2 - \omega_{\min}{}^2\right) \tag{3.60}$$

ここで，平均角速度ω_m〔rad/s〕，速度変動率δを式（3.61），（3.62）により定義する．

$$\omega_m = \frac{\omega_{\max} + \omega_{\min}}{2} \tag{3.61}$$

$$\delta = \frac{\omega_{\max} - \omega_{\min}}{\omega_m} \tag{3.62}$$

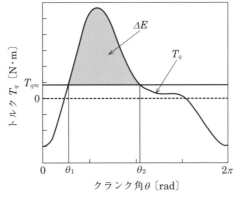

●図3.15　トルク変動曲線

よって，式（3.60）～（3.62）より次式が得られる．

$$I = \frac{\Delta E}{\omega_m{}^2 \delta} \tag{3.63}$$

一方，加速エネルギー ΔE は，図 3.15 における塗りつぶし部の面積であり，得られたトルク線図から次式あるいは図式的に求めることができる．

$$\Delta E = \int_{\theta_1}^{\theta_2} (T_q - T_{qm}) \, d\theta \tag{3.64}$$

すなわち，平均回転数 ω_m および速度変動率 δ を適宜設定することで，式（3.63）を用いて必要なフライホイールの慣性モーメント I を算出することができる．

なお，図 3.16 に示す外径 D_{out}〔m〕，内径 D_{in}〔m〕，幅 B〔m〕のフライホイールの慣性モーメント I〔kg・m^2〕は，次式で求められる．

$$I = \frac{\pi \rho B (D_{\text{out}}{}^4 - D_{\text{in}}{}^4)}{32} \tag{3.65}$$

ここで，ρ は材料の密度であり，黄銅（C 3604）では $8\,530\,\text{kg/m}^3$，鉄鋼材料やステンレス鋼では $7\,800\,\text{kg/m}^3$ である．

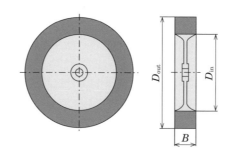

●図 3.16　フライホイールの慣性モーメント

　実際のエンジンでは摩擦損失が存在するため，トルク線図の正確な予測は困難であるが，エンジンの初期設計の場合には，等温モデルやシュミット理論などにより求まる瞬時ガス圧力を用いてトルクを算出して差し支えない．その場合，平均トルク T_{qm} は，シュミット理論などにより求まる図示仕事 W_i〔J〕を用いて，次式で表される．

$$T_{qm} = \frac{W_i}{2\pi} \tag{3.66}$$

　また，速度変動率 δ は，舶用ディーゼルエンジンの場合 $1/15 \sim 1/40$，一般動力用機械の場合 $1/25 \sim 1/50$ にとられるが，特にエンジンの大きさや重量に制限を受けない模型スターリングエンジンの場合には，エンジン回転数の安定性を考慮して $1/200$ 程度に設定するとよい．

3.2.4　設計時の注意事項

　模型エンジンのクランク機構を設計する際の注意事項として，以下のことがあげられる．

　　① 　摩擦損失を低減するために，サイドスラストが小さい出力取り出し機構が望ましい．

　　② 　単クランク機構を用いる場合，サイドスラストを低減させるために連接棒比 λ を大きくとる．

③ 高回転で作動するエンジンでは，ピストン慣性力を小さくするために往復部質量を軽くする．

④ 回転変動を抑えるために，適度な慣性モーメントを持つフライホイールを設置する．

3.3 等温モデルの概要

スターリングエンジンの性能解析法には，さまざまな手法が提案されている．その最も基本となる解析法は，それぞれの空間のガス温度が時間に無関係に一様であると仮定した等温モデルである．そして，等温モデルを解析的に解く手法がシュミット理論である．

3.3.1 エンジンのモデル化と各空間の容積

実際のスターリングエンジンのP-V線図は，理論サイクルであるスターリングサイクルのものとはかなり異なる．理論サイクルでは，ガスが定容変化をするものとして扱っているが，実際のエンジンのピストンはクランク機構などを用いて運動させているので，連続的に運動し，完全な定容変化は起こらない．

図3.17に等温モデルを計算するためのエンジンモデルを示す．この例では，エンジン内の空間を温度T_Eに保たれる高温空間，温度T_Rに保たれる中温空間，温度T_Cに保たれる低温空間の3つに分けている．

高温空間容積V_Eおよび低温空間容積V_Cは，ピストンの運動によって連続的に変化する．その容積変化の計算式は，ピストン行程容積や出力取り出し機構の形式，ピストン位相角によって異なるため，対象とするエンジンに合わせて設定する．スコッチ・ヨーク機構（図2.15参照）のように完全な正弦状にピストンが運動する場合や連接棒長さがクランク半径に対して十分に長い単クランク機構では，次節のシュミット理論で述べるピストン変位を正弦状とした容積変化の計算式を用いることができる．

3.3.2 理想ガスの状態式とエンジン内圧力

熱交換器やガス流路での圧力損失がないと仮定した場合，エンジン内圧力Pは場所によらず一様となる．したがって，図3.17における3つの空間において，理想ガスの状態

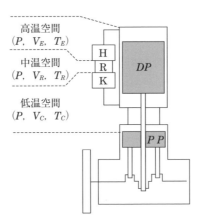

●図3.17 エンジンモデル

式は次式のように表される.

$$PV_E = m_E R T_E$$
$$PV_R = m_R R T_R$$
$$PV_C = m_C R T_C$$

(3.67)

外部へのガス漏れがないと仮定すると，エンジン内ガス質量の総和 m は一定の値となる. すなわち，次式が成り立つ.

$$m = m_E + m_R + m_C = \frac{PV_E}{RT_E} + \frac{PV_R}{RT_R} + \frac{PV_C}{RT_C}$$

(3.68)

上式を圧力 P について解くと，次式が得られる.

$$P = \frac{mR}{\dfrac{V_E}{T_E} + \dfrac{V_R}{T_R} + \dfrac{V_C}{T_C}}$$

(3.69)

ここで，ガス質量 m は，エンジンの初期状態や平均ガス圧力を与えることによって求められる. また，ガス定数 R は，作動ガスの求められる物性値であるので，各空間の容積と温度からエンジン内圧力の変動を計算することができる. これが，等温モデルの基礎式である.

3.3.3　P‐V 線図と図示仕事，図示出力

表計算ソフトウェアなどを使って，クランク角度に対する高温空間および低温空間の容積を計算し，さらに式（3.69）により求まる圧力を計算すれば，クランク角に対する圧力変化を求めることができ，P‐V 線図を描くことができる.

前節で述べたように，エンジンが 1 サイクル当たりの図示仕事 W_i は，P‐V 線図で囲まれた閉ループの面積と等しくなる. その面積は，台形法やシンプソン法と呼ばれる数値積分法によって求めることができる[3]. なお，これらの数値積分法は，等温モデルなどの計算結果の処理だけでなく，実験データを処理する場合などにも利用できる.

（1）台 形 法

台形法は，隣り合う圧力の数値を直線と見なして，台形の面積を計算し，面積を足し合わせていくことで 1 サイクル当たりの図示仕事 W_i を求める手法である（図 3.18）. n 個の圧力データがある場合，1 サイクル当たりの図示仕事 W_i は，次式で表される.

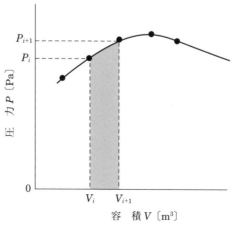

●図 3.18　台形法

$$W_i = \sum_{i=1}^{n} \frac{(P_i + P_{i+1}) \times (V_{i+1} - V_i)}{2} \tag{3.70}$$

台形法は，計算ステップを細かくするほど計算誤差を小さくできる．

（2）　シンプソン法

シンプソン法は，隣り合う3点が2次方程式で表されるものと見なして，積分を行う手法である．図3.19における区間 $x_0 \sim x_2$ までの積分値を表すシンプソンの公式は，次式となる．

$$\int_{x_0}^{x_2} y(x)\,dx = \frac{h}{3}(y_0 + 4y_1 + y_2) \tag{3.71}$$

ここで，h は分点の間隔であり，次式で表される．

$$h = x_1 - x_0 = x_2 - x_1 \tag{3.72}$$

シンプソン法において，データの分割数は偶数である必要がある．したがって，データ数を $2n$ 個として区間の積分値（面積）S を求めると，次式となる．

$$S = \frac{h}{3}(y_0 + 4y_1 + y_2) + \frac{h}{3}(y_2 + 4y_3 + y_4) +$$

$$\cdots + \frac{h}{3}(y_{2n-2} + 4y_{2n-1} + y_{2n})$$

$$= \frac{h}{3}\left(y_0 + 4\sum_{i=1}^{n} y_{2i-1} + 2\sum_{i=1}^{n-1} y_{2i} + y_{2n}\right) \tag{3.73}$$

容積 V および圧力 P のデータからシンプソン法により図示仕事を求める場合，分点の間隔 h は一定ではないため，式（3.73）をそのまま適用することはできない．容積の角度変化を $dV/d\theta$〔$\mathrm{m^3/rad}$〕とすると，隣り合う3点（$i = 0,\ 1,\ 2$）の積分値 ΔW_1 は，次式で表される．

$$\Delta W_1 = \frac{P_0 + 4P_1 + P_2}{3}\frac{dV}{d\theta}\Delta\theta \tag{3.74}$$

ここで，$dV/d\theta$ は，容積 V をクランク角 θ で微分した値，$\Delta\theta$〔rad〕は計算ステップ（一定値）である．データ数が $2n$ 個の場合，実際のプログラムでは，次式に示すように，2ステップごと（$2\times\Delta\theta$）に式（3.74）の総和 W_i を求めることになる．

$$W_i = \Delta W_1 + \Delta W_3 + \cdots\cdots + \Delta W_{2n-1} \tag{3.75}$$

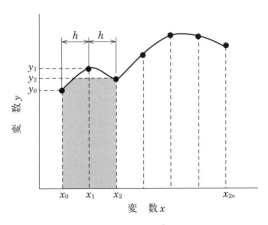

●図3.19　シンプソン法

（3） 図示出力

P-V 線図から求まる図示仕事 W_i〔J〕を，実現象でよく用いられる出力の単位に換算する場合，図示出力 L_i〔W〕は，毎秒当たりのエンジン回転数 f〔Hz〕または毎分当たりのエンジン回転数 n〔rpm〕を用いて，次式で表される．

$$L_i = W_i f = \frac{W_i n}{60} \tag{3.76}$$

3.4 シュミット理論の計算式

シュミット理論とは，高温，低温などのそれぞれの空間のガス温度が時間に無関係に一様であり，ピストンの変位が正弦波状であると仮定した計算手法である [4] [5]．すなわち，膨張空間，圧縮空間などの各空間は，1 サイクル中，常に同一の温度に保たれるということである．

3.4.1 シュミット理論の仮定

前述したようにエンジンの性能は，P-V 線図により求めることができる．エンジン内容積 V は，エンジン形状により比較的簡単に求めることができる．また，理想ガスの状態式［式 (3.4)］よりガスの容積，質量およびガス温度を設定することで，圧力 P を求めることができる．すなわち，以下の仮定に基づくことにより，エンジン内圧力を算出することができる．

① 熱交換器（ヒータ，再生器，クーラ）での圧力損失は無視し，エンジン内の圧力は場所によらず一様とする．
② 圧縮過程，膨張過程は等温変化とする．
③ 作動ガスは理想ガスの状態式に従い，エンジン外部への漏れはないものとする．
④ 完全な再生熱交換を行う．
⑤ 膨張空間およびそれに付随した無効空間は膨張空間ガス温度 T_E に保たれ，圧縮空間およびそれに付随した無効空間は圧縮空間ガス温度 T_C に保たれる．
⑥ すべての無効空間ガス温度 T_R は，膨張空間ガス温度 T_E と圧縮空間ガス温度 T_C との平均温度に保たれる．
⑦ 膨張空間および圧縮空間の容積は，正弦波状に変動する．

シュミット理論に用いる記号は，表 3.3 に示すとおりである．

3.4.2 α形スターリングエンジンの計算式

α 形スターリングエンジンを例にとり，シュミット理論に基づく計算式を説明する．図 3.20 に α 形スターリングエンジンの計算モデルを示す．

まず，α 形スターリングエンジンにおける各空間の瞬時容積を求める．瞬時容積は，クランク角 θ の関数で表され，膨張ピストンの上死点をクランク角 $\theta = 0\,\mathrm{deg}$ とすると，仮定⑦より膨張空間瞬時容積 V_E は，膨張ピストンの行程容積 V_{SE}（ピストン断面積×ストローク）を用いて，次式で表される．

$$V_E = \frac{V_{SE}}{2}(1 - \cos\theta) \tag{3.77}$$

同様に，圧縮空間瞬時容積 V_C は，圧縮側ピストンの行程容積 V_{SC} および位相角 α を用

▼表 3.3　使用する記号と単位

名　称	記　号	単　位
圧力	P	Pa
膨張ピストン行程容積またはディスプレーサピストン行程容積	V_{SE}	m^3
圧縮ピストン行程容積またはパワーピストン行程容積	V_{SC}	m^3
膨張空間無効容積	V_{DE}	m^3
再生器無効容積	V_R	m^3
圧縮空間無効容積	V_{DC}	m^3
膨張空間瞬時容積	V_E	m^3
圧縮空間瞬時容積	V_C	m^3
瞬時全容積	V	m^3
エンジン内ガス質量	m	kg
ガス定数	R	J/(kg·K)
膨張空間ガス温度	T_E	K
圧縮空間ガス温度	T_C	K
再生器空間ガス温度	T_R	K
位相角	α	deg
エンジン回転数	n	rpm
膨張空間図示仕事	W_E	J
圧縮空間図示仕事	W_C	J
図示仕事	W_i	J
膨張空間図示出力	L_E	W
圧縮空間図示出力	L_C	W
図示出力	L_i	W
図示熱効率	η	

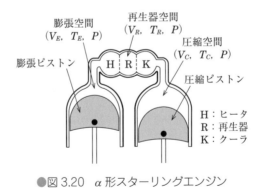

膨張空間
$(V_E,\ T_E,\ P)$
再生器空間
$(V_R,\ T_R,\ P)$
圧縮空間
$(V_C,\ T_C,\ P)$
膨張ピストン
圧縮ピストン
H：ヒータ
R：再生器
K：クーラ

●図 3.20　α形スターリングエンジン

いて，次式で表される．

$$V_C = \frac{V_{SC}}{2}\{1 - \cos(\theta - \alpha)\}$$ (3.78)

よって，エンジン内瞬時全容積 V は，次式となる．

$$V = V_E + V_R + V_C$$ (3.79)

仮定①，②，③よりエンジン内ガスの全質量 m は，膨張空間，圧縮空間および無効空間のガス圧力，各ガス温度，各容積ならびにガス定数 R を用いて，次のように示される．

$$m = \frac{PV_E}{RT_E} + \frac{PV_R}{RT_R} + \frac{PV_C}{RT_C}$$ (3.80)

また，温度比 τ，行程容積比 κ および全無効容積比 X を次式で定義する．

$$\tau = \frac{T_C}{T_E}$$ (3.81)

$$\kappa = \frac{V_{SC}}{V_{SE}}$$ (3.82)

$$X = \frac{V_R}{V_{SE}}$$ (3.83)

仮定⑥より無効空間ガス温度 T_R は，次式になる．

$$T_R = \frac{T_E + T_C}{2}$$ (3.84)

式（3.80）は式（3.81）～（3.84）を代入して整理すると，次式になる．

$$m = \frac{P}{RT_C}\left\{\tau V_E + \frac{2\tau V_R}{1 + \tau} + V_C\right\}$$ (3.85)

式（3.85）に式（3.77），式（3.78）を代入して整理すると，次式が得られる．

$$m = \frac{PV_{SE}}{2RT_C}\left\{S - B\cos(\theta - \phi)\right\}$$ (3.86)

ただし

$$\phi = \tan^{-1}\frac{\kappa\sin\alpha}{\tau + \kappa\cos\alpha}$$ (3.87)

$$S = \tau + \frac{4\tau X}{1 + \tau} + \kappa$$ (3.88)

$$B = \sqrt{\tau^2 + 2\tau\kappa\cos\alpha + \kappa^2}$$ (3.89)

式（3.86）を P について解くと，次式となる．

$$P = \frac{2mRT_C}{V_{SE}\left\{S - B\cos(\theta - \phi)\right\}}$$ (3.90)

ここで，平均圧力 P_{mean} は，次式で表される．

$$P_{\text{mean}} = \frac{1}{2\pi}\oint P d\theta$$

$$= \frac{2mRT_C}{V_{SE}\sqrt{S^2 - B^2}}$$ (3.91)

また

$$\delta = \frac{B}{S} \tag{3.92}$$

とすると，平均圧力を基準とした圧力変化は，次式で表される．

$$P = \frac{P_{\mathrm{mean}} \sqrt{S^2 - B^2}}{S - B\cos(\theta - \phi)}$$

$$= \frac{P_{\mathrm{mean}} \sqrt{1 - \delta^2}}{1 - \delta\cos(\theta - \phi)} \tag{3.93}$$

また，式（3.90）において，$\cos(\theta - \phi) = -1$ のとき最小圧力 $P_{\min}$ となり

$$P_{\min} = \frac{2mRT_C}{V_{SE}(S + B)} \tag{3.94}$$

と表される．したがって，最小圧力を基準とした圧力は，次式で表される．

$$P = \frac{P_{\min}(S + B)}{S - B\cos(\theta - \phi)}$$

$$= \frac{P_{\min}(1 + \delta)}{1 - \delta\cos(\theta - \phi)} \tag{3.95}$$

同様に，式（3.90）において，$\cos(\theta - \phi) = 1$ のとき最大圧力 $P_{\max}$ となり，最大圧力を基準とした圧力は次式で表される．

$$P = \frac{P_{\max}(S - B)}{S - B\cos(\theta - \phi)}$$

$$= \frac{P_{\max}(1 - \delta)}{1 - \delta\cos(\theta - \phi)} \tag{3.96}$$

以上により求められた容積変化と圧力変化の式を用いて，α 形スターリングエンジンの $P\text{-}V$ 線図を作成することができる．また，3.4.5 項に述べる計算式により図示仕事および図示出力を解析的に求めることができる．

3.4.3　β 形スターリングエンジンの計算式

　β 形スターリングエンジンのシュミット理論に基づく計算式を説明する．図 3.21 に β 形スターリングエンジンの計算モデルを示す．ディスプレーサピストンの上死点をクランク角 $\theta = 0°$ とすると，膨張空間瞬時容積 V_E および圧縮空間瞬時容積 V_C は次式で表される．

$$V_E = \frac{V_{SE}}{2}(1 - \cos\theta) \tag{3.97}$$

$$V_C = \frac{V_{SE}}{2}(1 + \cos\theta) + \frac{V_{SC}}{2}\{1 - \cos(\theta - \alpha)\} - V_B \tag{3.98}$$

ただし，V_{SE} はディスプレーサピストンの行程容積，V_{SC} はパワーピストンの行程容積，α はディスプレーサピストンとパワーピストンとの位相角である．

　また，β 形スターリングエンジンでは，ディスプレーサピストンとパワーピストンとが同一シリンダにあるため，それらの空間が重なる空間を設けることができ，作動空間をより有効に用いることができる．式（3.98）において，V_B はディスプレーサピストンとパワーピストンとが重なる容積（オーバラップ容積）であり，次式で求めることができる．

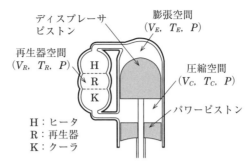

●図3.21 β形スターリングエンジン

$$V_B = \frac{V_{SE} + V_{SC}}{2} - \sqrt{\frac{V_{SE}^2 + V_{SC}^2}{4} - \frac{V_{SE} V_{SC}}{2} \cos \alpha} \tag{3.99}$$

なお，エンジン内瞬時全容積 V は，次のようになる．

$$V = V_E + V_R + V_C \tag{3.100}$$

α 形スターリングエンジンと同様に，平均圧力 P_{mean}，最低圧力 $P_{\min}$ および最高圧力 $P_{\max}$ を基準としたエンジン内瞬時圧力 P は，それぞれ次式で表される．

$$P = \frac{P_{\mathrm{mean}} \sqrt{1 - \delta^2}}{1 - \delta \cos(\theta - \phi)} \tag{3.101a}$$

$$= \frac{P_{\min}(1 + \delta)}{1 - \delta \cos(\theta - \phi)} \tag{3.101b}$$

$$= \frac{P_{\max}(1 - \delta)}{1 - \delta \cos(\theta - \phi)} \tag{3.101c}$$

ただし

$$\tau = \frac{T_C}{T_E} \tag{3.102}$$

$$\kappa = \frac{V_{SC}}{V_{SE}} \tag{3.103}$$

$$X_B = \frac{V_B}{V_{SE}} \tag{3.104}$$

$$X = \frac{V_R}{V_{SE}} \tag{3.105}$$

$$\phi = \tan^{-1} \frac{\kappa \sin \alpha}{1 - \tau + \kappa \cos \alpha} \tag{3.106}$$

$$S = \tau + \frac{4 \tau X}{1 + \tau} + \kappa + 1 - 2 X_B \tag{3.107}$$

$$B = \sqrt{\tau^2 + 2\kappa(\tau - 1)\cos \alpha + \kappa^2 - 2\tau + 1} \tag{3.108}$$

$$\delta = \frac{B}{S} \tag{3.109}$$

以上により求められた容積変化と圧力変化の各式を用いて，β 形スターリングエンジン

第3章

スターリングエンジンの基礎理論

のP-V線図を作成することができる．また，3.4.5項に述べる計算式により図示仕事および図示出力を解析的に求めることができる．

3.4.4　γ形スターリングエンジンの計算式

　図3.22にγ形スターリングエンジンの計算モデルを示す．α，β形エンジンと同様にして，γ形スターリングエンジンのシュミット理論に基づく計算式を説明する．ディスプレーサピストンの上死点をクランク角$\theta = 0\,\mathrm{deg}$とすると，膨張空間瞬時容積V_Eおよび圧縮空間瞬時容積V_Cは次式になる．

$$V_E = \frac{V_{SE}}{2}(1-\cos\theta) \tag{3.110}$$

$$V_C = \frac{V_{SE}}{2}(1+\cos\theta) + \frac{V_{SC}}{2}\{1-\cos(\theta-\alpha)\} \tag{3.111}$$

　ただし，V_{SE}はディスプレーサピストンの行程容積，V_{SC}はパワーピストンの行程容積，αはディスプレーサピストンとパワーピストンとの位相角である．

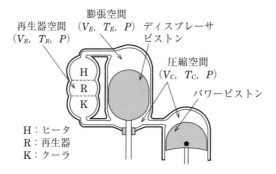

●図3.22　γ形スターリングエンジン

　よって，エンジン内瞬時全容積Vは，次式になる．

$$V = V_E + V_R + V_C \tag{3.112}$$

　α形スターリングエンジンと同様に，平均圧力P_{mean}，最低圧力$P_{\min}$および最高圧力$P_{\max}$を基準としたエンジン内瞬時圧力Pは，それぞれ次式で表される．

$$P = \frac{P_{\mathrm{mean}}\sqrt{1-\delta^2}}{1-\delta\cos(\theta-\phi)} \tag{3.113a}$$

$$= \frac{P_{\min}(1+\delta)}{1-\delta\cos(\theta-\phi)} \tag{3.113b}$$

$$= \frac{P_{\max}(1-\delta)}{1-\delta\cos(\theta-\phi)} \tag{3.113c}$$

　ただし

$$\tau = \frac{T_C}{T_E} \tag{3.114}$$

$$\kappa = \frac{V_{SC}}{V_{SE}} \tag{3.115}$$

$$X = \frac{V_R}{V_{SE}} \tag{3.116}$$

$$\phi = \tan^{-1} \frac{\kappa \sin\alpha}{1 - \tau + \kappa \cos\alpha} \tag{3.117}$$

$$S = \tau + \frac{4\tau X}{1+\tau} + \kappa + 1 \tag{3.118}$$

$$B = \sqrt{\tau^2 + 2\kappa\,(\tau - 1)\cos\alpha + \kappa^2 - 2\tau + 1} \tag{3.119}$$

$$\delta = \frac{B}{S} \tag{3.120}$$

　以上により求められた容積変化と圧力変化の各式を用いて，γ 形スターリングエンジンの P-V 線図を作成することができる．また，次項に述べる計算式により図示仕事および図示出力を解析的に求めることができる．

3.4.5　図示仕事，図示出力および図示熱効率

　各形式のエンジンにおける容積変化と圧力変化の式を用いて，各空間の図示仕事は，解析的に求めることができる．平均圧力 P_{mean}，最低圧力 P_{min} および最高圧力 P_{max} を基準とした膨張空間図示仕事 W_E は，それぞれ次式で算出することができる．

$$W_E = \oint P dV_E$$

$$= \frac{P_{\mathrm{mean}} V_{SE}\, \pi\delta \sin\phi}{1 + \sqrt{1-\delta^2}} \tag{3.121a}$$

$$= \frac{P_{\mathrm{min}} V_{SE}\, \pi\delta \sin\phi}{1 + \sqrt{1-\delta^2}} \cdot \sqrt{\frac{1+\delta}{1-\delta}} \tag{3.121b}$$

$$= \frac{P_{\mathrm{max}} V_{SE}\, \pi\delta \sin\phi}{1 + \sqrt{1-\delta^2}} \cdot \sqrt{\frac{1-\delta}{1+\delta}} \tag{3.121c}$$

　また，圧縮空間図示仕事 W_C は，次式で表される．

$$W_C = \oint P dV_C$$

$$= -\frac{P_{\mathrm{mean}} V_{SE}\, \pi\delta\tau \sin\phi}{1 + \sqrt{1-\delta^2}} \tag{3.122a}$$

$$= -\frac{P_{\mathrm{min}} V_{SE}\, \pi\delta\tau \sin\phi}{1 + \sqrt{1-\delta^2}} \cdot \sqrt{\frac{1+\delta}{1-\delta}} \tag{3.122b}$$

$$= -\frac{P_{\mathrm{max}} V_{SE}\, \pi\delta\tau \sin\phi}{1 + \sqrt{1-\delta^2}} \cdot \sqrt{\frac{1-\delta}{1+\delta}} \tag{3.122c}$$

　したがって，このエンジンの 1 サイクル当たりの図示仕事 W_i は，次式で求まる．

$$W_i = W_E + W_C$$

$$= \frac{P_{\mathrm{mean}} V_{SE}\, \pi\delta\,(1-\tau)\sin\phi}{1 + \sqrt{1-\delta^2}} \tag{3.123a}$$

$$= \frac{P_{\min} V_{SE} \pi \delta (1-\tau) \sin\phi}{1+\sqrt{1-\delta^2}} \cdot \sqrt{\frac{1+\delta}{1-\delta}} \tag{3.123b}$$

$$= \frac{P_{\max} V_{SE} \pi \delta (1-\tau) \sin\phi}{1+\sqrt{1-\delta^2}} \cdot \sqrt{\frac{1-\delta}{1+\delta}} \tag{3.123c}$$

ここで，P_{mean} と $P_{\min}$ および $P_{\max}$ との関係は，次式のとおりである．

$$\frac{P_{\min}}{P_{\mathrm{mean}}} = \sqrt{\frac{1-\delta}{1+\delta}} \tag{3.124}$$

$$\frac{P_{\max}}{P_{\mathrm{mean}}} = \sqrt{\frac{1+\delta}{1-\delta}} \tag{3.125}$$

また，図示仕事 W_i にエンジン回転数 n〔rpm〕を乗ずることにより，膨張空間図示出力 L_E，圧縮空間図示出力 L_C および図示出力 L_i は次式で表される．

$$L_E = W_E \cdot \frac{n}{60} \tag{3.126}$$

$$L_C = W_C \cdot \frac{n}{60} \tag{3.127}$$

$$L_i = W_i \cdot \frac{n}{60} \tag{3.128}$$

また，式（3.121）で求まる膨張空間図示仕事 W_E は，このサイクルが1サイクル当たりに供給される熱量（入熱量）であり，式（3.122）で求まる圧縮空間図示仕事 W_C は，このサイクルが1サイクル当たりに放出する熱量（冷却熱量）である．すなわち，このサイクルの図示熱効率 η_i は，次式で表される．

$$\eta_i = \frac{W_i}{W_E} = 1-\tau \tag{3.129}$$

上式はカルノーサイクルの熱効率と等しく，温度比のみの関数で表されることがわかる．

3.4.6　シュミット理論の計算例

シュミット理論による計算式を用いて P-V 線図の作成および図示出力の計算を行う．

例題：膨張空間行程容積 $0.628\,\mathrm{cm}^3$，圧縮空間行程容積 $0.628\,\mathrm{cm}^3$，全無効容積 $1.500\,\mathrm{cm}^3$，位相角 90 deg，平均圧力 129 kPa，膨張空間ガス温度 400℃，圧縮空間ガス温度50℃の α 形スターリングエンジンの P-V 線図を作成し，エンジン回転数 1 970 rpm における図示出力を求めよ．

式（3.81）〜（3.83）を用いて温度比 τ，行程容積比 κ および全無効容積比 X を求める．

$$\tau = \frac{50+273}{400+273} = 0.48$$

$$\kappa = \frac{0.628 \times 10^{-6}}{0.628 \times 10^{-6}} = 1$$

$$X = \frac{1.500 \times 10^{-6}}{0.628 \times 10^{-6}} = 2.39$$

式 (3.87) ～ (3.89) および式 (3.90) を用いて各係数を計算する.

$$\phi = \tan^{-1} \frac{1 \times \sin 90°}{0.48 + \cos 90°} = 64.4 \,〔\text{deg}〕$$

$$S = 0.48 + \frac{4 \times 0.48 \times 2.389}{1 + 0.48} + 1 = 4.600$$

$$B = \sqrt{0.480^2 + 2 \times 0.480 \times 1 \times \cos 90° + 1} = 1.109$$

$$\delta = \frac{1.109}{4.600} = 0.241$$

式 (3.93) を用いて圧力 P を算出する. クランク角 $\theta = 0 \,\text{deg}$ のとき

$$P = \frac{129 \times 10^3 \sqrt{1 - 0.241^2}}{1 - 0.241 \cos(0° - 64.4°)}$$

$$= 135.634 \times 10^3 \,〔\text{Pa}〕$$

$$= 135.634 \,〔\text{kPa}〕$$

同様に $\theta = 10 \,\text{deg}$ のとき

$$P = 141\,339 \,〔\text{kPa}〕$$

$\theta = 20 \,\text{deg}$ のとき

$$P = 146.785 \,〔\text{kPa}〕$$

$$\cdots$$

次に式 (3.77) および式 (3.78) を用いて各空間の容積を求める. クランク角 $\theta = 0 \,\text{deg}$ のとき

$$V_E = \frac{0.628 \times 10^{-6}}{2}(1 - \cos 0°)$$

$$= 0 \,〔\text{m}^3〕$$

$$V_C = \frac{0.628 \times 10^{-6}}{2}\{1 - \cos(0° - 90°)\}$$

$$= 0.314 \times 10^{-6} \,〔\text{m}^3〕$$

$$= 0.314 \,〔\text{cm}^3〕$$

式 (3.79) より瞬時全容積は

$$V = 0 + 1.500 + 0.314 = 1.814 \,〔\text{cm}^3〕$$

同様に $\theta = 10 \,\text{deg}$ のとき

$$V = 1.764 \,〔\text{cm}^3〕$$

$\theta = 20 \,\text{deg}$ のとき

$$V = 1.723 \,〔\text{cm}^3〕$$

$$\cdots$$

以上の計算を 1 サイクル分繰り返し, 横軸に瞬時全容積 V, 縦軸に圧力 P をプロットすることで, 図 3.23 に示す P - V 線図を作成することができる.

第 3 章 スターリングエンジンの基礎理論

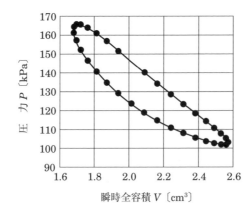

●図 3.23　P–V線図の作成例

　式（3.123a）より，このエンジンの 1 サイクル当たりの図示仕事 W_i は，次式のように求まる．

$$W_i = \frac{129 \times 10^3 \times 0.628 \times 10^{-6} \times \pi \times 0.241(1-0.48)\sin 64.4°}{1+\sqrt{1-0.241^2}}$$

$$= 1.48 \times 10^{-2} \,[\text{J}]$$

よって，図示出力は，式（3.128）より次のようになる．

$$L_i = \frac{1.48 \times 10^{-2} \times 1\,970}{60}$$

$$= 0.486 \,[\text{W}]$$

すなわち，このエンジンの図示出力は 0.486 W である．

本計算法の，Excel のマクロを使用したプログラミングリストを付録 4 に示す．

3.4.7　計算結果

　本項では，α 形エンジンを対象としたシュミット理論を用いて性能計算を行い，エンジン性能に及ぼす各種パラメータの影響を求める．計算に際しては，前項の例題で示した模型エンジンの条件を基準としており，その計算条件は表 3.4 のとおりである．

（1）　無効容積比の影響

　全無効容積比 X が図示仕事に及ぼす影響について考察を行う．図 3.24 に全無効容積比 X を変化させ，図示仕事に及ぼす影響を示す．なお，その他の計算条件は表 3.4 に示したとおりである．この図より無効容積比の増加につれて図示仕事は低下しており，できるだけ無効容積を少なくする設計が望まれる．

（2）　温度比の影響

　図 3.25 に温度比 τ を変化させた場合の図示仕事を示す．この図より，温度比が小さくなるにつれて図示仕事は増加しており，できる限り温度比を下げる，すなわち高温度と低温度との温度差を大きくする設計が望まれる．

（3）　位相角の影響

　図 3.26 に位相角 α を変化させた場合の図示仕事を示す．この図によると，この計算条

▼表3.4　計算条件

膨張空間行程容積	$0.628\,\mathrm{cm}^3$
圧縮空間行程容積	$0.628\,\mathrm{cm}^3$
全無効容積	$1.500\,\mathrm{cm}^3$
位相角	90 deg
平均圧力	129 kPa
膨張空間ガス温度	400℃
圧縮空間ガス温度	50℃

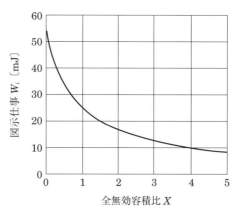

●図 3.24　無効容積比の影響

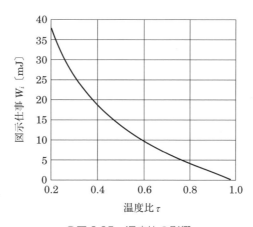

●図 3.25　温度比の影響

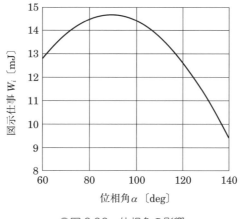

●図 3.26　位相角の影響

件では，90 deg 近傍に最適値があることがわかる．

（4）　圧力，回転数，行程容積の影響

　式（3.123）からわかるように図示仕事は，圧力および行程容積に比例して増加するこ

とがわかる．また，式（3.128）より図示出力はエンジン回転数に比例して増加することがわかる．すなわち，圧力およびエンジン回転数を高め，行程容積を大きくすることで図示出力を増加させることができる．しかし，模型スターリングエンジンでは，その構造上圧力を高めるのは困難である．また，エンジン回転数は，エンジン内部で作動ガスが往復動する際に生じる流動抵抗およびピストンとシリンダ間での摩擦や機構部で生じる機械損失に依存するため，エンジン回転数を増加させるのは容易ではない．行程容積の増加はエンジンの大型化となり，必ずしもよい設計ではない．

3.5　簡易計算式による軸出力の予測

シュミット理論を用いることにより，設計するスターリングエンジンの図示仕事に及ぼす無効容積比，温度比および位相角の影響を検討することができる．すなわち，図示仕事が最大となるエンジン設計が可能である．したがって，エンジンの軸出力 L_{net} は，次式により求めることができる．

$$L_{net} = \frac{W_i \cdot n}{60} \cdot \eta_m \tag{3.130}$$

しかし，エンジン回転数 n および機械効率 η_m を予測できなければ，上式を用いた軸出力 L_{net} の予測はできない．

軸出力は，作動ガスの圧力，回転数，行程容積，そして機械効率を高めることにより増大することがわかる．この考えに基づき，定数となるビール数 B_n が導入された軸出力 L_{net}〔W〕と平均作動ガス圧力 P_{mean}〔Pa〕，毎秒のエンジン回転数 f〔Hz〕，行程容積 V_{SE}〔cm^3〕との関係式が次のように定義されている．

$$L_{net} = B_n \cdot P_{mean} \cdot f \cdot V_{SE} \tag{3.131}$$

上式を B_n について整理すると，次式になる．

$$B_n = \frac{L_{net}}{P_{mean} \cdot f \cdot V_{SE}} \tag{3.132}$$

無次元数である B_n は，多くの高性能エンジンのデータ処理結果より，温度比 $\tau = 1/3$（T_E = 700℃, T_C = 50℃）近傍において，$B_n = 0.15$ 程度になることが示されている[6]．しかし，温度比 τ を小さくできず，かつ作動ガスの漏れなどの影響を受ける模型エンジンには，高性能エンジンのビール数をそのまま適用するには無理がある．

模型エンジンの軸出力を実際に測定した土屋らの報告[7]によると，表3.4に示したエンジンとほぼ同じ寸法形状を有する模型エンジン（行程容積 V_{SE} = 0.628 cm^3）の軸出力が，温度比 $\tau = 0.52$，平均作動ガス圧力 $P_{mean} = 1.0 \times 10^5$ Pa，そして回転数 f = 15 Hz の運転状態下で，L_{net} = 0.05 W と計測されている．この結果を式（3.132）に代入すると，ビール数が $B_n = 0.053$ になり，高性能エンジンと比較して1/3程度と低い．そこで，式（3.123），式（3.130），そして式（3.132）を用いて半解析的に B_n を求める．ただし，模型エンジンの実図示仕事（実際に測定された圧力と行程容積より求める）は，式（3.123）より求められる理論図示仕事の80%，すなわち $0.8 W_i$ と仮定する．また，前述の土屋らの結果に基づき機械効率 $\eta_m = 0.37$ を仮定する．

得られた B_n は，次のとおりである．

$$B_n = \frac{0.8\,W_i \cdot f \cdot \eta_m}{P_{\mathrm{mean}} \cdot f \cdot V_{SE}}$$

$$= \frac{0.8\,\eta_m\,(1-\tau)\,\pi \cdot \sin\theta \cdot \delta}{1+\sqrt{1-\delta^2}}$$

$$= \frac{0.3\,(1-\tau)\,\pi \cdot \sin\theta \cdot \delta}{1+\sqrt{1-\delta^2}} \tag{3.133}$$

すなわち，式（3.132）と式（3.133）より次式が導かれ，模型エンジンの軸出力の算出が可能になる．

$$L_{\mathrm{net}} = \frac{0.3\,(1-\tau)\,\pi \cdot \sin\theta \cdot \delta}{1+\sqrt{1-\delta^2}} \cdot P_{\mathrm{mean}} \cdot f \cdot V_{SE} \tag{3.134}$$

実際の模型スターリングエンジンでは，$P_{\mathrm{mean}} = 1.0 \times 10^5\,\mathrm{Pa}$, $f = 10 \sim 20\,\mathrm{Hz}$ 程度（無負荷運転では $50\,\mathrm{Hz}$ 程度も可能）である．

ところで，式（3.131）と式（3.134）は，行程容積比 $\kappa = 1$, 位相角 $\alpha = 90\,\mathrm{deg}$ と仮定し，近似的な処理を行うと，次式のように簡略化できる．

$$B_n = \frac{0.465\,(1-\tau)}{1+\tau+\dfrac{4\,\tau X}{\tau+1}} \tag{3.135}$$

$$L_{\mathrm{net}} = \frac{0.465\,(1-\tau)}{1+\tau+\dfrac{4\,\tau X}{\tau+1}} \cdot P_{\mathrm{mean}} \cdot n \cdot V_{SE} \tag{3.136}$$

式（3.136）によると，軸出力 L_{net} の増加は，温度比 τ の低減，すなわち高温空間温度 T_E の上昇，無効容積比 X の低減，そして作動ガス圧力 P_{mean}, 回転数 f, 行程容積 V_{SE} の増加に依存することがわかる．

3.6 スターリングエンジンの性能向上策

　本章では，熱力学サイクル論より，温度比にのみ依存する熱効率と再生器性能の熱効率への影響を調べた．また，ピストンの力学を考え，サイドスラストやトルク変動を調べた．さらに，シュミット理論より行程容積比，無効容積比，温度比，そして位相角の仕事への影響を調べた．このような簡便な性能計算より得られたスターリングエンジンの性能特性を列挙すると，次のようになる．

① スターリングエンジンの熱効率の上限値は，温度比だけに依存するカルノーサイクルと同一である．
② 熱効率は，再生器性能に大きく影響を受ける．
③ 出力を向上させるためには，無効容積および温度比はできるだけ小さくする．
④ 行程容積比は 1, 位相角は $90\,\mathrm{deg}$ 近傍に最適値が存在するが，いずれも無効容積の影響を受ける．

　また，上記の計算と実際のエンジンとの相違としては，実際のエンジンでは熱交換器の圧力損失（流動抵抗）の影響を大きく受けること，実エンジンの軸出力は計算による図示出力とは大きく異なること，上記の計算には現れないさまざまな熱損失が存在することな

どがあげられる．以下，計算結果に現れていない性能向上策ならびに模型スターリングエンジンの要点をまとめておく．

① ピストンとシリンダとの間の摩擦低減を低減する．

② ピストン部における作動ガスの漏れを防ぐ．

③ 加熱源および冷却源と作動ガスとの間における熱の授受を有効に行う．

④ 熱交換器や連結部における作動ガスの圧力損失を低減する．

参 考 文 献

[1]　谷下市松：工業熱力学基礎編，裳華房，1986

[2]　高橋　和，太田安彦：ディーゼルエンジンの設計，pp.48-62，パワー社，1990

[3]　戸川隼人：数値計算法，コロナ社，1995

[4]　吉識晴夫，高間信行，上村光宏："スターリング機関の性能予測に関する研究（第1報，簡易計算法）"，日本機械学会論文集（B編），Vol.50，No.455，pp.1753-1760，1984

[5]　G. Walker: Stirling Engines, p.17, Oxford Univ. Press, 1980

[6]　C. D. West: Principles and Applications of Stirling Engines, p.114, Van Nostrand Reinhold, 1986

[7]　土屋一雄，牧野秀文，市村浩一，浜井一親："教育用小型スターリングエンジンの性能評価"，日本機械学会講演論文集，No.930-63，Vol.D，p.400，1993

教育用エンジン

　スターリングエンジンは構造が簡単なため，身近にある材料を用いて形式にとらわれることなく製作することができる．本章では，さまざまな教育用エンジンについて紹介する．大部分のエンジンは，パワーピストンにはガラス製の注射器 3 cc および 10 cc（付録 2 参照）を流用し，軸受・揺動部分にはミニチュアベアリング（付録 3 参照）を多用している．

4.1　ビー玉エンジン

　ビー玉エンジンの原形は，1993 年の第 6 回スターリングエンジン国際会議（オランダのアイントホーヘンにて開催）の展示場において紹介されていた（図 4.1）．

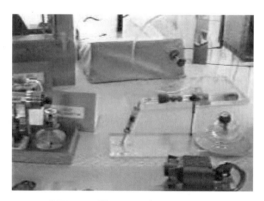

●図 4.1　世界初のビー玉エンジン

　同年，ビー玉をディスプレーサとするエンジンが，日本設計工学会の「教材用スターリングエンジンの実用化に関する調査研究分科会」[1] においてビー玉エンジンとして紹介されている（図 4.2）．

　このエンジンは，部品点数がわずか 4 個（試験管，ビー玉，ゴムチューブ，ガラス製注射器）で構成されていることから，スターリングエンジンの基本形として，さらに動作原理の理解のしやすさ，動く模型エンジン[2]，そして教育機関の教材[3] として利用されている．ビー玉エンジンは，もの創り教材[4] としても多方面に応用・活用されている．その理由の 1 つは，気体の膨張・収縮がビー玉の移動に伴って，注射器の内筒が変位する様子を目で確認できるところにある（図 4.3）．

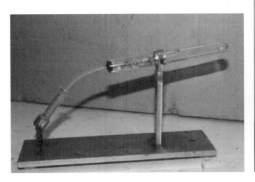

●図4.2　日本初のビー玉エンジン

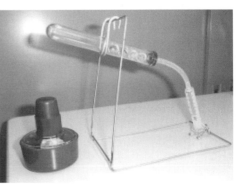

●図4.3　簡易型ビー玉エンジンⅠ

　その後，教職員，学生およびホビーストによってオリジナルなビー玉エンジンが試作され，教育用，実習用ならびに講習会用などさまざまな分野で教育用教材として活用されている（図4.4～4.6）．図4.4は，試験管の揺動支点にクリップを用いたところに特徴がある．図4.5は，木材加工の実習用として製作したエンジンである．図4.6は，市販されて

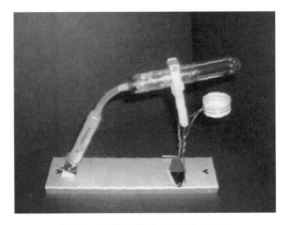

●図4.4　簡易型ビー玉エンジンⅡ

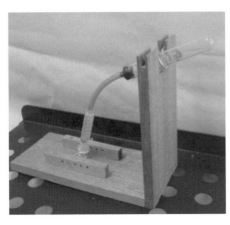

●図4.5　木材を用いた実習用ビー玉エンジン

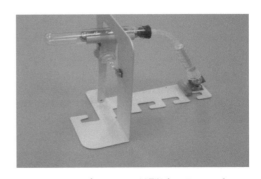

●図4.6　ブックエンド型ビー玉エンジン

いるアルミニウム合金製ブックエンドを利用したビー玉エンジンである.

　図 4.4 〜 4.6 で使用するディスプレーサシリンダは，全長 105 mm，外径 16.5 mm，内径 14 mm のガラス製の耐熱試験管である．使用するディスプレーサは，重量 2 g，直径 12.5 mm のビー玉である．パワーピストンは，外径 12.8 mm，内径 10 mm，容量 3 cm³ のガラス製注射器である.

　ビー玉エンジンの動きは，通常のスターリングエンジンとは多少異なっているので，簡単にその構造および動作原理を説明する[5].

（1）　構　　造

　ビー玉エンジンの基本構造を図 4.7 に示す．試験管（以下，ディスプレーサシリンダと呼ぶ）にビー玉（以下，ディスプレーサと呼ぶ）が挿入され，シリコンゴムチューブを介して注射器（以下，内筒をパワーピストン，外筒をパワーピストンシリンダと呼ぶ）と連結されている．ディスプレーサシリンダの中央付近にディスプレーサシリンダが揺動運動できるように支点が設けられ，またパワーピストンの端部も揺動運動ができるように工夫されている.

（2）　作 動 原 理

　ビー玉エンジンには，クランク軸に相当するものが存在せず，しかもディスプレーサの動きは拘束されておらず，ディスプレーサシリンダとパワーピストンシリンダのみが連動して動く特殊な構造を持つフリーピストンタイプのエンジンであると考えられる．しかし，ディスプレーサの動きは，ディスプレーサシリンダの傾きによって支配され，しかもパワーピストンシリンダの動きは，ディスプレーサの動きによって支配されている.

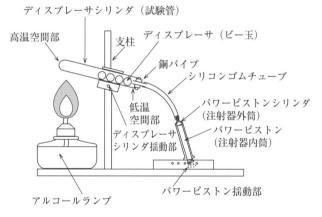

●図 4.7　ビー玉エンジンの構造

　通常，ビー玉エンジンには，作動ガスとして大気圧空気が密封されており，ディスプレーサシリンダの高温空間部を加熱することにより，作動ガスを膨張させパワーピストンシリンダを上昇させる．その結果，ディスプレーサは加熱空間側に移動し，ディスプレーサシリンダ内の高温空間が減少する．したがって，ディスプレーサシリンダ内の低温空間が増加することにより作動ガスが収縮し，パワーピストンシリンダが下降する．このようにして，ビー玉エンジンは，ディスプレーサシリンダの中央付近に設けられた支点まわりの揺動運動を繰り返す．さらに，ディスプレーサの慣性力，質量および各部の摩擦損失などの影響を受け，さらに複雑な動きをする.

（3）　ディスプレーサとパワーピストンの動的な動き

　図 4.8 に定常運転状態におけるディスプレーサとパワーピストンシリンダとの動きを撮影した連続写真（往復動周波数約 1.0 Hz）を示す．ここで，パワーピストンシリンダの容積が最小となる位置を上死点，容積が最大となる位置を下死点と定義する．同様に，ディスプレーサは，加熱空間側の端面に位置するときが上死点，低温空間側端面に位置するときが下死点とする．図 4.8（a）を見ると，パワーピストンシリンダが上死点においてディスプレーサは高温空間側（上死点側）に移動し，低温空間側が最大となっていることがわかる．これは，ディスプレーサシリンダの傾きよりも，ディスプレーサの持つ慣性力による影響が大きいことを表している．図 4.8（b）はパワーピストンシリンダが上死点後（下死点との中間付近）であり，ディスプレーサは重力の影響を受け，低温空間側へ移動する．その後，ディスプレーサの慣性力によりパワーピストンシリンダが上昇しているにもかかわらず，ディスプレーサは低温空間側へ，すなわち上り勾配を上昇することになる．図 4.8（c）はパワーピストンシリンダが下死点であるにもかかわらず，ディスプレーサは低温空間側端面（下死点側）に移動している．これも，ディスプレーサの持つ慣性力に支配されているものと考えられる．図 4.8（d）はパワーピストンシリンダが下死点後（上死点との中間点付近）であり，重力の影響を受け，ディスプレーサは高温空間側へと移動することが確認できる．

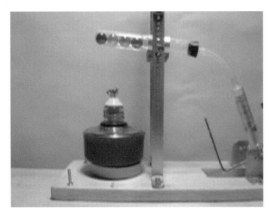
（a）上死点

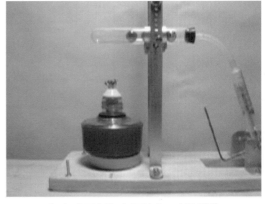
（b）上死点後（下死点との中間付近）

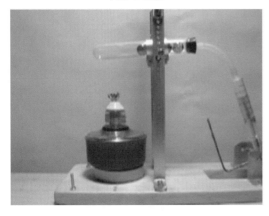
（c）下死点

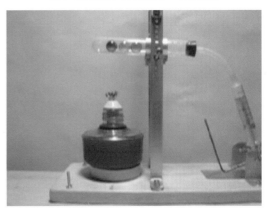
（d）下死点後（上死点との中間点付近）

●図 4.8　ディスプレーサとパワーピストンの動き

以上のことから，ビー玉エンジンは，静的な動きと動的な動きとは大きな違いが見られる．

4.2　ビー玉エンジン自動車

ビー玉エンジンの出力は微弱であるが，自動車として走ればきっと楽しいと思う．

フライホイールを有するビー玉エンジン自動車を図 4.9 に示す．このビー玉エンジン自動車は，ディスプレーサとパワーピストンとが並列に配置され，チェーンによる車輪駆動を採用している．ビー玉エンジンを動力源とした自動車は世界初である．

●図 4.9　世界初のビー玉エンジン自動車

ビー玉エンジンの特徴の 1 つに，構造が比較的簡単であるということから，その構造を変えずに，ビー玉エンジン自動車として試作した例を図 4.10 に示す．

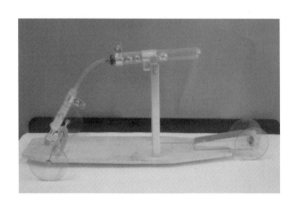

●図 4.10　簡易型ビー玉エンジン自動車

図 4.11 はその構造を示したものである．ビー玉エンジンの揺動支点部に揺動リンクを取り付け，コネクティングロッド（連接棒）を介してクランクピンに伝達され，車輪を駆動する方式となっている．他の部分は，図 4.4 ～ 4.6 に示したエンジンと同様である．

高価なミニチュアベアリングの代わりにガラス製ビーズを用い，さらに各部の材料は容易に入手できるクリップおよびブックエンドなどで構成され，小学生，中学生でも簡単に製作できる安価な講習会用ビー玉エンジン自動車[6]を図 4.12 に示す．このエンジンの製作方法については，参考文献［6］の URL を参照されたい．

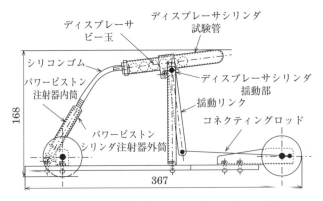

●図 4.11　簡易型ビー玉エンジン自動車の構造

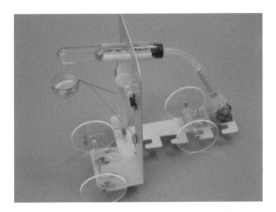

●図 4.12　講習会用ビー玉エンジン自動車

　ビー玉エンジン自動車を広く一般に普及させるため，ビー玉エンジン自動車が市販[7]されている（図 4.13）.

　図 4.9 〜 4.12 に示したビー玉エンジン自動車の速度は，数 cm／s 程度である．しかし，構造を工夫することにより，高速型ビー玉エンジン自動車（約 1 m／s）を実現することができる．それには，駆動輪をフライホイールとすること，さらにビー玉の動きを重量で移動させるのではなく，慣性力を利用することである．この原理を踏まえて完成したの

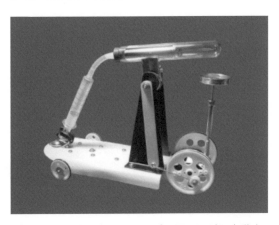

●図 4.13　市販されているビー玉エンジン自動車

が，図 4.14 に示す高速型ビー玉エンジン自動車である．車体は透明アクリルで試作され，後輪はフライホイールを兼ねた黄銅製タイヤとしている．さらに，ビー玉エンジンは，直線的に配置され，ビー玉の慣性力を利用できる構造となっている．図 4.15 は車体，前輪，コネクティングロッド（連接棒）および試験管揺動リンクなどには，シナ合板を用いている．このことによって，加工の容易性を図っている．また，車輪兼フライホイールには，大型のワッシャ（外径 60 mm，内径 31 mm，厚さ 4 mm）を利用している．

●図 4.14　高速型ビー玉エンジン自動車（アクリル車体）

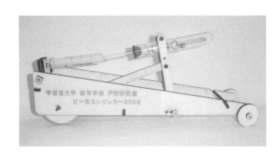

●図 4.15　高速型ビー玉エンジン自動車（合板車体）

4.3　空き缶エンジン

　空き缶は，ありふれた材料として容易に入手することができる．空き缶をディスプレーサシリンダとして利用した空き缶エンジンを図 4.16 に，その構造を図 4.17 に示す．表 4.1 にその仕様と温度差を与えた場合の最大軸出力を示す．空き缶には，スチール缶を用い，所定の長さに切断し，切断面側にアルミニウム合金製の冷却壁を接合している．冷却壁上にパワーピストン，ディスプレーサ軸シールおよび支柱が取り付けられている．パワーピストンには注射筒を流用し，ディスプレーサには発泡スチロールを用いている．ディスプレーサ軸およびその軸シールには，黄銅製パイプ（軸シール：外径 3 mm，ディスプレーサ軸：外径 2 mm）を用いている．表 4.1 に示すように空き缶エンジンの出力は，温度差 50℃ で約 7 mW であった．空き缶エンジンは，その作りやすさから入門用とし，付 1.1 に図面集として示す．注射器のパワーピストンの代わりにスポイトのベローズを用いても作動させることが可能である．

　講習会用空き缶エンジンを図 4.18 に示す．パワーピストンには，風船膜を使用している．このエンジンは，お湯やホットプレートなど 100℃ 以下の熱源で作動させることができる．

●図 4.16　空き缶エンジン

▼表 4.1　空き缶エンジンの仕様，ガス温度，最大軸出力

エンジン形式	γ 形
ディスプレーサ容積	$26.42 \times 10^3 \text{mm}^3$ ($\phi 58 \text{ mm} \times 10 \text{ mm}$)
パワーピストン容積	$5.376 \times 10^3 \text{mm}^3$ ($\phi 18.5 \text{ mm} \times 20 \text{ mm}$)
圧縮比	1.062
加熱方法 高温側ガス温度	シースヒータ ($T_E : 90℃$)
冷却方法 冷却側ガス温度	強制空冷 ($T_C : 40℃$)
最大軸出力	7.2 mW / 195 rpm

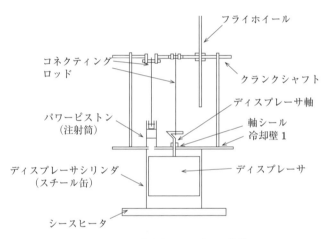

●図 4.17　空き缶エンジンの構造

●図 4.18　講習会用空き缶エンジン

4.4 試験管エンジン

試験管エンジンを図4.19に，その構造を図4.20に示す．表4.2にエンジン仕様，ガス温度ならびに最大軸出力を示す．本エンジンは，熱源にアルコールランプやニクロム線などを用い，冷却方式は自然空冷であり，数百℃の温度差で動作する高温度差α形スターリングエンジンである．α形エンジンは，γ形に比べ動作原理がやや難しいが，高回転，高出力が得られるため，模型自動車や船などの動力源として応用され，より中・高校生の興味を引くことができる．

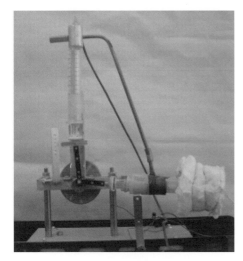

●図4.19 試験管エンジン

▼表4.2 試験管エンジンの仕様，ガス温度，最大軸出力

エンジン形式	α形
膨張ピストン行程容積	$2.120 \times 10^{-6} \mathrm{m}^3$
圧縮ピストン行程容積	$2.120 \times 10^{-6} \mathrm{m}^3$
圧縮比	1.319
加熱方法 高温側ガス温度	ニクロム線 （T_E：433℃）
冷却方法 冷却側ガス温度	自然空冷 （T_C：33℃）
最大軸出力	168.6 mW／978 rpm

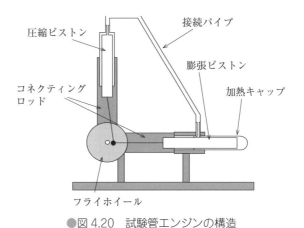

●図4.20 試験管エンジンの構造

本エンジンは，旋盤加工を必要とするため，高校，高専および大学向けのエンジンとして提案する．しかし，中学校においてスターリングエンジンを学習する際，導入題材の見本として使用すると効果的であると思われる．

本エンジンの主要部品は，次の点に留意して製作されている．

（1） 熱 交 換 部

加熱キャップに耐熱試験管を使用し，膨張ピストンおよびそのシリンダにはガラス製注

第4章

教育用エンジン

射筒を流用している．また，圧縮ピストンならびにそのシリンダにもガラス製注射筒を利用し，作動ガス漏れならびに摩擦損失を極限まで減少させている．膨張空間と圧縮空間は，黄銅製パイプ（内径 4 mm）を用いて接続され，冷却効果を向上させている．

（2）　クランク軸とその軸受

両シリンダは，L 形に配置され，クランク機構を単純化させている．クランクディスクにクランクピン（ϕ3 mm）が固定され，コネクティングロッド（連接棒）を介して両ピストンを駆動させている．なお，回転部分および可動部分には，ミニチュアボールベアリングを多用し，摩擦損失の低減が図られている．

（3）　その他の部品

フライホイール（ϕ60 mm，幅 15 mm）は，トルク変動を小さくするためのものであるので，慣性モーメントを大きくできる黄銅を用いている．エンジン支持台は，いずれも加工の容易さならびに軽量化という観点より，スチール製のアングル材を使用している

図 4.21 に示す試験管エンジンは，簡単に試作できる α 形高回転のエンジンである．膨張ピストン・シリンダと圧縮ピストン・シリンダとを単独に製作し，シリコンチューブで連結することで，エンジン配置を自由に選べる．付 1-2 において基本形の図面集として示す．

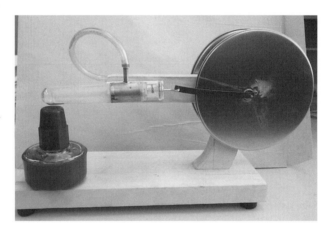

●図 4.21　簡易型試験管エンジン

4.5　実験用試験管エンジン

ディスプレーサシリンダおよびそのピストンには，口径の大きい試験管を用い，低温度差から高温度差まで動作する，実験用試験管エンジンを図 4.22 に，その構造を図 4.23 に示す．表 4.3 にエンジン仕様，ガス温度差および最大軸出力を示す．本エンジンは，加熱源にアルコールランプおよびニクロム線などを用い，冷却方式は自然空冷であり，数十℃から数百℃の温度差で動作する γ 形スターリングエンジンである．

実験用スターリングエンジンは，性能特性をさまざまに変化させることができることから，高校，高専および大学向けのエンジンとして提案する．

●図 4.22　実験用試験管エンジン

▼表 4.3　実験用試験管エンジンの仕様，ガス温度，最大軸出力

エンジン形式	γ 形
ディスプレーサ容積	12.76×10^3 mm^3 (ϕ25 mm × 26 mm)
パワーピストン容積	3.534×10^3 mm^3 (ϕ15 mm × 20 mm)
圧縮比	1.088
加熱方法 高温側ガス温度	シースヒータ (T_E：220℃)
冷却方法 冷却側ガス温度	強制空冷 (T_C：56℃)
最大軸出力	185.3 mW / 602 rpm

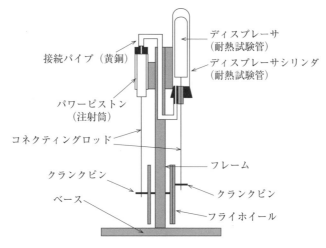

●図 4.23　実験用試験管エンジンの構造

　本エンジンの主要部品は，次の点に留意して製作されている．

（1）　熱 交 換 部

　ディスプレーサシリンダ（外径 30 mm，内径 27 mm）ならびにディスプレーサ（外径 25 mm，内径 22 mm）には，ガラス製試験管を用い，これによりディスプレーサの動きを観察することができる．また，ディスプレーサが耐熱ガラス製であることから，断熱性に富み，さらに高温に耐えることができる．加熱・冷却面積が大きいので，低温度差でも動作可能としている．なお，ディスプレーサは，試験管を用いているため質量が重くなることから，曲げ強度を考慮し，ディスプレーサ軸にはステンレス棒（ϕ3 mm）を用いている．ディスプレーサ軸シールには，黄銅パイプ（外径 4 mm，内径 3 mm）を流用し，両者の

擦り合わせを行い，気密性を保持している．

（2）　パワーピストンとそのシリンダ

パワーピストン部は，シリンダ，ピストンともにガラス製注射筒（φ15 mm）を流用し，ストローク可変に対応できるように，シリンダ部は可動が可能である．

（3）　クランク軸とその軸受

クランク部は，フレームを挟むようにクランクディスクを兼ねたフライホイールを両側に取り付けている．それぞれのフライホイールにクランクピンが取り付けられ，位相角が90 deg に設定されている．

（4）　コネクティングロッド部

コネクティングロッド（連接棒）は，厚さ2 mm のアルミニウム合金製フラットバーで製作し，クランク半径に対してコネクティングロッド長（コネクティングロッド/クランク半径＝15 ～ 36）をかなり長くしている．これにより，パワーピストンおよびディスプレーサ軸シール部のサイドスラスト（側圧）を極力小さく抑えている．また，クランク部およびピストンピンなどの可動部分は，ミニチュアベアリングを用いて，摩擦損失を軽減させている．

（5）　その他の部品

フライホイールは，ハードディスクの円盤（外径135 mm，内径40 mm）を流用している．フレーム部は，1 辺15 mm のアルミニウム合金製四角柱パイプを木製台座にL 形アングルを用いて垂直に固定し，エンジン支持台として使用している．

本エンジンは，実験用として高温度差から低温度差（高熱源温度：100℃，低熱源温度：30℃）でも作動することから，ぜひとも試作していただきたいエンジンである．付1.3 に図面集として示す．

4.6　試験管エンジン自動車

試験管を用いたγ形エンジンは，パワーピストンとディスプレーサ配置の自由度が大きいため，図4.24 に示すようにペットボトルを車体としたペットボトル型エンジン自動車を試作することができる．

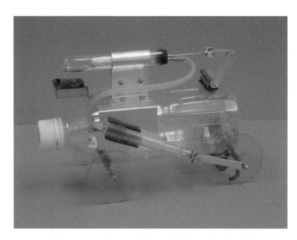

●図4.24　ペットボトル型エンジン自動車

4.7　ビーカーエンジン

　　ビーカーエンジンを図 4.25 に，その構造を図 4.26 に示す．表 4.4 に仕様，ガス温度，最大軸出力を示す．本エンジンは，中学生レベルを対象に開発したエンジンであるため，設計に際しては，

　　①　火気を使用しない
　　②　作動原理が理解しやすいγ形の採用
　　③　力の伝達機構を理解しやすい単クランク機構の採用
　　④　内部構造が可視化できる

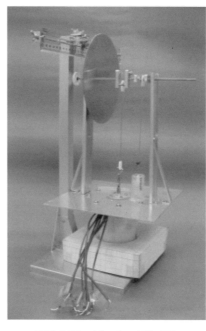

●図 4.25　ビーカーエンジン

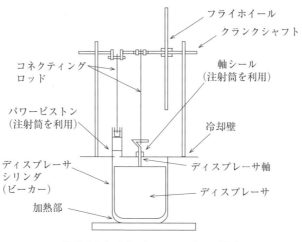

●図 4.26　ビーカーエンジンの構造

▼表 4.4　ビーカーエンジンの仕様，ガス温度，最大軸出力

エンジン形式	γ 形
ディスプレーサ容積	68.42×10^3 mm^3 (ϕ66 mm $\times$ 20 mm)
パワーピストン容積	3.763×10^3 mm^3 (ϕ18.5 mm $\times$ 14 mm)
圧縮比	1.028
加熱方法 高温側ガス温度	シースヒータ (T_E：100℃)
冷却方法 冷却側ガス温度	強制空冷 (T_C：40℃)
最大軸出力	11.4 mW／186 rpm

⑤　製作が容易であること

これら5項目を基本条件としている．

本エンジンは，数十℃の温度差で動作する低温度差γ形スターリングエンジンである．加熱源には温水やホットプレートなどを使い，冷却方式はアルミニウム板を用いた自然空冷方式である．

本エンジンの主要部品は，次の点に留意して製作されている．

（1）　熱　交　換　部

作動ガスの加熱および冷却のための熱交換は，加熱壁と冷却壁とで行われる．加熱は，ビーカーをそのまま利用することを前提としていることから，ガラス外壁からの加熱となる．一方，冷却側は，冷却板に厚さ2 mm，250 mm×250 mmのアルミニウム板を使用している．これは，パワーピストンや軸受スタンドの設置に対する強度的な配慮ならびに冷却効果を高めるためである．また，再生器は構造上これを組み込むスペースがないので，これを設けないことにしているが，再生器は熱効率を上げるためには重要な働きをする．

（2）　パワーピストンとそのシリンダ

パワーピストンとシリンダとの間は無潤滑で，しかも十分な気密性が保持されていなければならない．このため，材料の選定ならびに形状などについて，いろいろと検討した結果，ガラス製注射器を流用することとした．

（3）　ディスプレーサとそのシリンダ

ディスプレーサは，パワーピストンと約90 degの位相角を持って，加熱側および冷却側それぞれの空間の作動ガスを相互に移動させるためのものであるので，断熱性と質量軽減とを考慮して発泡スチロールを使用している．さらに，ディスプレーサシリンダは，ビーカーを利用していることから内部構造が可視化されている．

（4）　クランク軸とその軸受

クランク軸は，アーム，ピン部および軸部から構成されている．クランクピンおよびクランク軸は，加工の容易性を考慮し，黄銅パイプを用いている．クランクアームは，アルミニウムパイプを用いてピン部と軸部とを圧着し，その後，不要部分を切断し，クランクを形成する方法を採用した．こうすることによって，クランク軸とクランクピンとの平行が保たれ，精度のよいクランク軸が製作できる．そして，摩擦抵抗軽減のため，軸部およびピン部はなるべく細くする必要があるが，反面，強度的な点を考慮して，クランク軸部

およびピン部の直径は$\phi 3.0\,\mathrm{mm}$とし，軸受はミニチュアボールベアリングを使用している.

（5）　その他の部品

フライホイール（$\phi 300\,\mathrm{mm}$，厚さ$1\,\mathrm{mm}$）および軸受スタンドは，いずれも加工の容易さならびに軽量化という観点より，アルミニウム板を加工して使用している．また，連接棒（コネクティングロッド）は，樹脂製の板を用いている.

4.8　競技用エンジン

ビーカーは，入手しやすく，安価であることから，γ形エンジンを比較的容易に製作できる．また，パワーピストンには，図4.18と同様に風船膜を利用することができる.

競技用エンジンは，高速タイプとアイデアタイプとに分類できる[8]．図4.27はフライホイール効果を車速に置き換えることによって，高速ビー玉エンジン自動車を実現させているアイデアタイプの競技用エンジンである.

図4.28のビー玉エンジン自動車は，強制的に試験管を往復動させることによって，ビー玉がフリーピストンとなる，極めてユニークなアイデアタイプのビー玉エンジン自動車である.

図4.29は空き缶エンジンを競技用として試作したものである.

高速走行できるエンジン自動車は，軽量かつ高出力でなければならない．そのために，高圧縮比を実現させる必要がある．図4.30に小型高速エンジン自動車の一例を示す.

第4章　教育用エンジン

●図4.27　ビー玉エンジン自動車

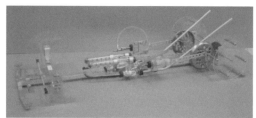

●図4.28　独創的なビー玉エンジン自動車

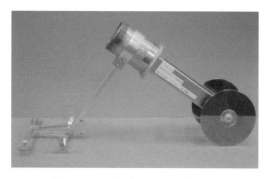

●図4.29　空き缶エンジン自動車

　エンジンと車体とを一体化することにより軽量化することができ，フライホイールをタイヤと兼ねることで高速化を実現した自動車を図4.31に示す．ただし，フライホイールの直径をエンジン出力とマッチングさせなければ高速化は実現しない．

●図4.30　小型高速エンジン自動車

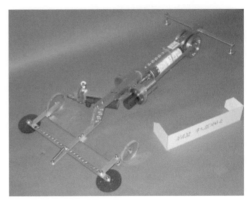

●図4.31　高速タイプエンジン自動車

4.9　低温度差エンジン

　低温度差スターリングエンジンの明確な温度区分はないが，本書ではお湯，氷および太陽熱などを用いて作動するエンジンと定義する．

　紙コップは，入手が容易なことから，これを使用したスターリングエンジンの試作を行った．試作するにあたり伝熱面積を大きくとることで試作可能とした．お湯と冷水とを用いて作動する紙コップエンジンを図4.32に示す．パワーピストンには風船膜を使用し，フライホイールにはダーツの的を流用している．

　体温と室温との温度差はごくわずかであるが，この温度差を利用した極低温度差スターリングエンジンを図4.33に示す．

●図4.32　紙コップエンジン

●図4.33　体温と室温との温度差で動く
　　　　　低温度差エンジン

●図 4.34 太陽光を熱源として走る自動車

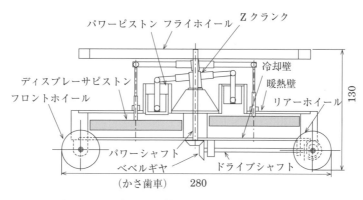

●図 4.35 太陽光を熱源として走る自動車の構造

　極低温度差スターリングエンジンを 4 基搭載し，太陽熱，氷を熱源とした模型自動車を図 4.34 に示す．その構造を図 4.35 に示す．4 個のパワーピストンと 4 個のディスプレーサを位相角 90 deg で動かすため，斜板式（Z クランク）を採用している．車体には，軽量化を図るため硬質発泡ウレタン材を用いている．太陽光を模擬した 500 W の電球を用いて試験走行を行ったその結果，50 m 走行し，平均速度は約 0.166 km／h（4 cm／s）であった．図 4.34 は太陽光を熱源として走行している様子である．

　お湯もしくは氷を熱源として走行する自動車を図 4.36 に示す．低温度差スターリングエンジン自動車を，風に向かって走るウインドカーにも変身させることができる応用例を図 4.37 に示す．

　氷運び人形（いちろうくん）を図 4.38 に示す．人形の胸付近にあるアルミニウム容器の中に氷を入れると数分間走行する．

　教育用エンジンとしての可能性を見いだすために試作した窓用低温度差スターリングエンジンを図 4.39 に示す．このエンジンは，室温と外気温との温度差で作動することができる．

第 4 章　教育用エンジン

87

●図 4.36　お湯で走る自動車（なっとう号）

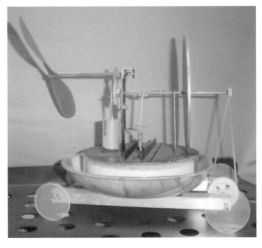

●図 4.37　お湯と氷を熱源として走る自動車

●図 4.38　氷運び人形（いちろうくん）

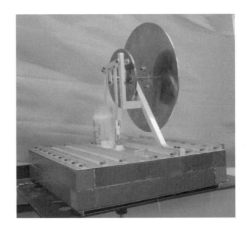

●図 4.39　窓用低温度差スターリングエンジン

4.10　アミューズメントエンジン

　アミューズメントエンジンとは，見ていて楽しいエンジンという意味で名付けたエンジンである．スターリングエンジンであるのだが，まるで生き物みたいに不規則な動きをし，"がんばれ"と声をかけたくなるエンジンでもある．

　図 4.40 はフライホイールとなる球体（黒檀球）が皿の内側で回転することで動くエンジンである．当然のことながら，球体がないとエンジンとして動かない．このエンジンを見ているとなぜ，球体が皿の上を動き回らなければならないのかと考えさせられる．

　これもスターリングエンジンなのかと疑いたくなるエンジンを図 4.41 に示す．上下 2本のレールがあり，上側のレール上をビー玉が転がるとエレベータと呼ばれる容器の中に入り，ディスプレーサを動かし，フライホイールの後ろに取り付けられたパワーピストンでフライホイール（アルミニウム合金の円盤）を動かす．さらに，ビー玉は，下のレールに転がり，フライホイールに取り付けられたビー玉すくい取り器によって，また上のレー

●図 4.40　コロコロエンジン

●図 4.41　遊園地

ル上に持ち上げられ，サイクルが持続する構造となっている．実に"摩訶不思議"なエンジンであるが，見ていても飽きないエンジンである．製作者，齋藤秀則君（宇都宮大学卒業生）の夢を実現した努力と執念に敬意を払う次第である．

　歯車数十個を用いてエンジン回転数を 0.5 Hz まで減速させ，ゆっくりと歩く，スターリングエンジンを搭載した 4 足歩行ロボットを図 4.42 に示す．ぎこちない動きがユーモラスであり，"がんばれ"と声をかけたくなるロボットのようである．付 1.2 に示す試験管エンジンが基本構造となっている．

　図 4.43 はスターリングエンジンの動力を歯車を介して，足が交互に動きながら走行する"ロボット"か"人形"なのかわからないが，なぜ 2 足＋ 3 輪で動くのか不思議というか製作者，大八木義教君（宇都宮大学卒業生）の創造性には脱帽するばかりである．

第 4 章　教育用エンジン

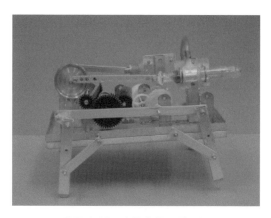

●図 4.42　4 足歩行ロボット

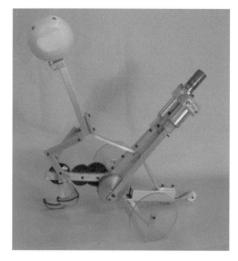

●図 4.43　2 足＋ 3 輪歩行ロボット
　　　　　（太郎君）

　図 4.44 に光と風を利用した苔栽培の低温度差スターリングエンジンを示す．本エンジンは，6 W の LED ライトの廃熱温度約 50℃と大気温度との温度差によって 1 日 10 時間 3 か月程度は回転し続け光と動力を同時に得ることができる．模型スターリングエンジンといえ，実用的な応用もできることを本エンジンは証明している．LED ライトは光輝度

ライトであり，植物栽培や植物成長過程などを記録することに適している．植物栽培では葉物であれば十分に自宅栽培できる．

　図4.46に示すように，台座から光源まで約300mmあるので水耕栽培には適していると考えている．エンジンの出力は数mW程度であるが，軽いものならば簡単に動かすことができる．また，取り付けたプロペラにより5cm/s程度の風速が得られるので，簡単な植物栽培用サーキュレータとして機能させることもできる．LEDライトでもある本エンジンは，そのLED廃熱を低温度差スターリングエンジンの原理により動力として回収している．その変換熱効率は非常に低いが，この程度の温度差で動力を得ることができるのはスターリングエンジン以外にはないものと考えている．

（a）　全　景　　　　　　（b）　LED燈火の様子

●図4.44　光と風を利用した苔栽培の低温度差スターリングエンジン

　本エンジンのクランクにはロス・ヨーク機構を採用し，主要寸法は，出力軸のクランク半径3mm，T型クランクのディスプレーサ長さ22mm，パワーピストン側長さ15mm，クランク半径側20mm，T型リンクのクランクのディスプレーサストローク5mm，パワーピストンの直径φ15mmとストローク7mm，圧縮比1.01である．このエンジンは出力よりも長時間回転することを目的として設計されている．パワーピストンには注射筒を流

（a）　出力軸側　　　　　　（b）　出力軸逆側

●図4.45　微小出力用のロス・ヨーク機構

用し，3か月に1回程度は摩耗分を拭き取る必要がある．回転部分にはミニチュアベアリングを多用している．このことにより，長時間回転することができる．ディスプレーサの軸は1mmのステンレス棒を採用し，ディスプレーサは発泡スチロールを利用している．さらには，微小出力を取り出す機構には，図4.45に示すロス・ヨーク機構を用いている．

　主な仕様は図4.46と前述の通りであるが，基本的にはAC電源を使うLEDライトである．通常，LEDライトの廃熱は大気中に無駄に捨てているのが現状である．その廃熱の一部分を動力として回収できれば，LEDライトの応用範囲がさらに広がり，読者の知的好奇心をかき立ててくれる．またSDGsとして活用できる教育用として，さらに当然

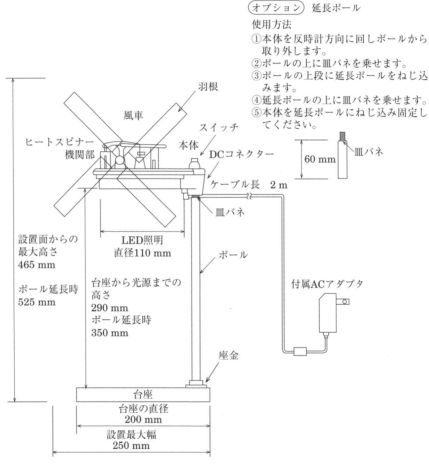

オプション　延長ポール
使用方法
①本体を反時計方向に回しポールから取り外します．
②ポールの上に皿バネを乗せます．
③ポールの上段に延長ポールをねじ込みます．
④延長ポールの上に皿バネを乗せます．
⑤本体を延長ポールにねじ込み固定してください．

主な仕様	
電源	AC100V　50／60 Hz　消費電力6 W
寸法	高さ（最大）465 mm　横幅（最大）250 mm　奥行200 mm
重量	本体600 g　ACアダプタ50 g（オプション：延長ポール20 g）
輝度	LED中心部直下5 cmにおいて30 000 Lx以上、10 cmにおいて14 000 Lx
付属品	ACアダプタ（コード長2 m）　取扱説明書　製品保証書

●図4.46　光と風を利用した低温度差スターリングエンジンの仕様

第4章　教育用エンジン

ながら低温側と高温側とに温度差を与えれば AC 電源なしでも作動する．ただし，氷とお湯などの一時的なものではなく，恒久的に得られる温度差が好ましい．

4.11　高出力型エンジン

　　図 4.47 に高出力型教育用エンジンを，表 4.5 にその仕様，ガス温度ならびに最大出力を示す [10]．エンジン形式は，基本形の α 形エンジンである．通常のエンジンとの大きな違いは，使用しているピストン径にある．市販されている注射器で，最も容量の大きな 200 cc を流用している．したがって，模型エンジンとしては，最大軸出力を得られる可能性を持つ．特に，圧縮比も 1.93 と可能な限り大きくし，供給熱量も 1 kW のシースヒータを用い，低温側の冷却には冷却用電動ポンプを用いた水循環方式を採用している．最大軸出力は，表 4.5 に示すように 2.2 W／300 rpm を得ることができた．このタイプのエンジンを数列，接続することにより，人間乗車タイプのエンジン自動車を製作することが可能である．

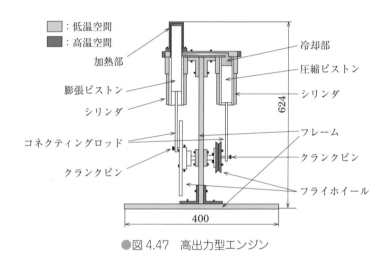

●図 4.47　高出力型エンジン

▼表 4.5　高出力型エンジン仕様，ガス温度，最大軸出力

エンジン形式	α 形
膨張ピストン行程容積 （ボア×ストローク）	$70.9 \times 10^{-6} \mathrm{m}^3$ （$\phi 42.5 \mathrm{mm} \times 50 \mathrm{mm}$）
圧縮ピストン行程容積 （ボア×ストローク）	$70.9 \times 10^{-6} \mathrm{m}^3$ （$\phi 42.5 \mathrm{mm} \times 50 \mathrm{mm}$）
圧縮比	1.93
加熱方法 （高温空間ガス温度）	シースヒータ （T_E：585℃）
冷却方法 （低温空間ガス温度）	強制冷却 （T_C：390℃）
位相角	90 deg
作動ガス	空気
最大軸出力	2.2 W／300 rpm

4.12　特殊なエンジン

　エンジンが飛び跳ねたらどんなに面白いことかと思い，試作したタコエンジンを図4.48に示す．空き缶の上部を加熱し，地面に落とすと飛び跳ねながら好きな方向に移動する"興味深い"エンジンである．エンジンが倒れないように8本のピアノ線を用いているところから，"タコエンジン"と名付けられたものである．

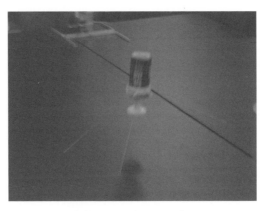

●図4.48　タコエンジン

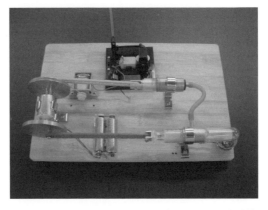

●図4.49　教材用スターリングエンジン＆冷凍機

　教材用スターリングエンジン＆冷凍機を図4.49に示す．試験管エンジンを用いて直流モータを回し，発電した電力を用いて"水ポンプ"や"羽ばたきカモメ"などの電力供給源として用いることができる．さらに，スターリングエンジンのもう1つの特徴は，逆サイクルが成り立つことであり，エンジンを軸受兼用の直流モータで動かすと，加熱していた部分が冷却される冷凍機にもなる．また，図4.50に"ハイブリッドエンジンカー＆冷凍機"を示す．走行速度は秒速数センチ，冷凍機は室温から約10℃低下する．発電しながら走行するハイブリッドエンジンカーである．

　1970年，C. D. Westによって開発されたフルイダインと呼ばれる水スターリングエンジンを図4.51に示す．

第4章

教育用エンジン

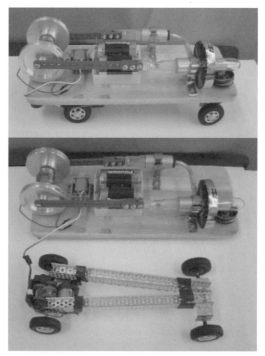

（a）ハイブリッドカー

（b）冷凍機

●図 4.50　ハイブリッドエンジンカー＆冷凍機

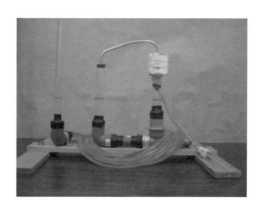

●図 4.51　水スターリングエンジン

4.13 教育用スターリングエンジンの最大軸出力予測法

　図4.52は教育用エンジンの最大軸出力と$P_m \cdot V_p \cdot f$との関係を整理したものである[9]．この図において，最大軸出力は，ほぼ直線的に増大していくことが確認できることから，次の式によって模型エンジンの最大軸出力を予測できるものと考えている．

$$L_{smax} = 0.064 \cdot P_m \cdot V_p \cdot f \qquad\qquad (4.1)$$

ここで，P_m：シリンダ内平均圧力（大気圧運転のときは101.3 kPa）

　　　　V_p：パワーピストン容積（α形の場合は膨張空間容積 m^3）

　　　　f：エンジンの1秒間当たりの回転数〔Hz〕

なお，式（4.1）を使用する場合の条件としては

① シリンダ・ピストンにガラス製注射筒を用いている．

② 回転部，駆動部にミニチュアベアリングを用いている．

③ 平均圧力P_mが大気圧である．

④ $P_m \cdot V_p \cdot f$の値が1〜40の範囲である．

なお，数mW級エンジンの場合は，参考文献［10］を参照されたい．

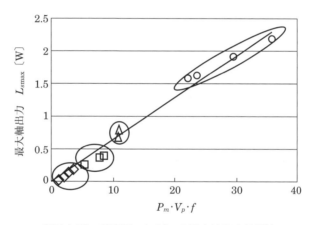

●図4.52　教育用エンジンの最大軸出力予測法

第4章

教育用エンジン

参 考 文 献

［1］　教材用スターリングエンジンの実用化に関する調査研究分科会：日本設計工学会A種分科会中間報告書，p.48，1995

［2］　岩本昭一監修，濱口和洋，平田宏一，松尾政弘，戸田富士夫：模型スターリングエンジン（第2版），p.51，山海堂，2000

［3］　岩本昭一，濱口和洋，川田正國，平田宏一，戸田富士夫，土屋一雄："模型スターリングエンジンの作り方と教育への利用"，日本機械学会講習会テキスト，p.7，2000

［4］　神崎夏子，塚本栄世編：親子で楽しむおもしろ科学実験館，B&Tブックス，pp.65-67，日刊工業新聞社，2003

［5］　戸田富士夫，佐藤　謙，齋藤秀則，中島克彰，大八木義教，針谷安男："ビー玉スターリングエンジンの作動原理と性能特性に関する研究"，日本産業技術教育学会誌，Vol.46，No.3，pp.23-30，2004

［6］　http://club.pep.ne.jp/~todafujio/，2008

［7］　ケニス株式会社，ケニス理化学機器カタログ，2003／2004年度，No.750，p.206，2003

［8］　http://members.jcom.home.ne.jp/stirling/, 2008

［9］　内田剛司，戸田富士夫，中島克彰，毛塚晃広："教育用スターリングエンジンの性能予測法，日本産業技術教育学会第 17 回関東支部大会講演要旨集，pp.61-62，2005

［10］　戸田富士夫，齋藤秀則，中島克彰，大八木義教，針谷安男，鈴木道義："教育用スターリングエンジンの開発－簡易最大軸出力予測法－"，日本産業技術教育学会誌，Vol.45，No.4，pp.17-25，2003

模型スターリングエンジンの設計製作と性能評価

模型スターリングエンジンの設計製作例として，図5.1に示すα形エンジンの設計計算から設計図，製作，組立，そして試運転までを紹介する．

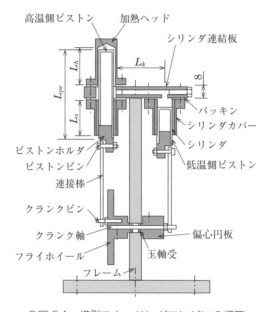

●図5.1　模型スターリングエンジンの概要

本エンジンの設計から製作までの流れは，表5.1のとおりである．基本構想段階では，要求される出力や形状に基づく概略図の作成を行う．設計段階では，概略図に基づく各部品の強度計算や形状計算を実施し，計画図の作成を行う．製作図面の作成段階では，計画

▼表5.1　設計から製作までの流れ

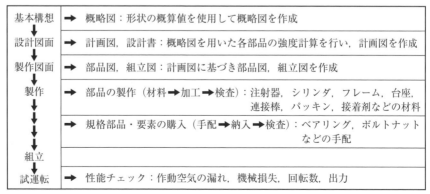

図に基づき部品図や組立図を作成する．製作段階では，加工材料ならびに規格部品の調達を行い，必要部品を加工する．組立段階では，規格部品と加工部品の寸法をチェックし，各部品の接着ならびに締結による組立を行う．その後の試運転段階では，加熱によるエンジンの動作確認を行う．その際に不具合が生じた場合には，その原因を追究し，初期の要求性能に達するように改善を図る．

5.1 設 計 指 針

　概略図の作成に必要な作動空間寸法の決定は，高温（膨張）側ピストンの行程容積と各作動空間内の容積（無効容積）との比（無効容積比）を一定とする相似設計による．

　本エンジンは，シリンダとピストンに市販のガラス製注射器を使用しているのが特徴である．スターリングエンジンは，密閉された作動ガス（模型エンジンでは大気圧空気を使用）を外部から加熱・冷却することにより生じる作動ガスの膨張・収縮，すなわち作動ガスの圧力変動により動作する．したがって，本エンジンの場合，作動ガスの漏洩を極力少なくするとともに，摺動部における摩擦低減を図る必要がある．内燃機関においては，ピストンリングおよび潤滑油の使用によりこの解決を図っているが，スターリングエンジンでは熱交換器の壁を通して外部熱源と作動ガスとの間で熱の授受を行うため，潤滑油の使用はできない．この問題の解決には，シリンダとなる外筒とピストンとなる内筒をすり合わせた注射器の利用が手ごろである．

　一方，本エンジンの出力は微小であるため，軸受部分の機械的な摩擦損失を極力防止する必要がある．この解決の1つとして，ここでは各軸受部にミニチュアベアリングを使用することとした．

5.2 設 計 計 算 法

　設計条件として，ピストン直径，ストローク，そして軸出力を設定する．一方，平均作動ガス圧力，高温および低温空間温度，図5.1に示した高温側と低温側ピストンの行程容積比，無効容積比，そして位相角は同一条件とする．設計条件は，次のとおりである．

- ピストン直径：D_p ＝市販注射器のピストン径（□cc（ml）の注射器）

  {$\phi 10\,\mathrm{mm}$（3 cc の注射器），$\phi 12\,\mathrm{mm}$（5 cc），$\phi 15\,\mathrm{mm}$（10 cc），$\phi 18\,\mathrm{mm}$（20 cc），$\phi 22\,\mathrm{mm}$（30 cc），$\phi 25\,\mathrm{mm}$（50 cc）}
- ストローク：S_p ＝ 6 ～ 22 mm（＜ D_p）
- 軸出力：L_{net} ＝ 0.5 ～ 5.0 W
- 作動ガス：大気圧空気

  （平均作動ガス圧力 P_{mean} ＝ 129 kPa　ただし，最低圧力を大気圧と仮定する）
- 作動空間温度：高温側 T_E ＝ 673 K，低温側 T_C ＝ 323 K
- 行程容積比：κ ＝ 1
- 無効容積比：高温側 X_{DE} ＝ 1.5，低温側 X_{DC} ＝ 0.5
- 位相角：α ＝ 90 deg

以上の設定可能な条件より，D_p，S_p，L_{net} などを選択した設計条件に基づき，図5.2に示す流れに従って設計計算を実施する．各流れを説明すると，次のようになる．

　高温側ピストンの行程容積 V_{SE} は，ピストン直径とストロークより算出する．

回転数 n〔rpm〕は，開発実績のある多くのスターリングエンジンの軸出力 L_{net} と行程容積 V_{SE}〔cm^3〕，平均作動ガス圧力 P_{mean}〔kPa〕，そして回転数 n との関係を整理することにより得られた次の関係式[1]より算出する．

$$L_{net} = 2.5 \times 10^{-6} \cdot V_{SE} \cdot P_{mean} \cdot n \tag{5.1}$$

作動空間寸法は，設定した各無効容積比（高温側ピストンの行程容積に対する無効空間容積の割合）より算出する．加熱部長さ L_h は，ピストン直径 D_p と加熱シリンダ内径 D_c とのクリアランス δ_p（$=(D_c - D_p)/2$）を 1 mm 程度に選び，無効容積比より求めた高温空間の無効容積より算出する．連結部（冷却部）長さ L_k は，連結流路内径 d_k を 3 mm 程度に選び，無効容積比より求めた連結部無効容積より算出する．また，作動ガスの漏れを防ぐクリアランスシール部のシリンダ長さ L_s は，経験上ストロークの 3 倍とする．なお，高温側および低温側のピストンとシリンダヘッドの上死点におけるクリアランスは 2 mm 程度に選ぶ．

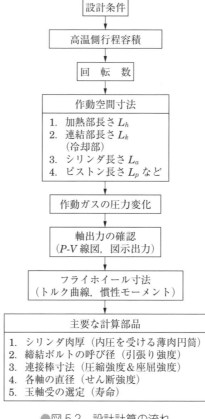

●図5.2　設計計算の流れ

5.2.1　圧力変動計算

圧力変動計算には，スターリングエンジンの大略的な性能を把握する際に使用する 3.4 節に示したシュミット理論を用いる．

あらかじめ算出しておいた作動空間寸法に基づき，次式により最高作動ガス圧力 P_{max} を算出する．

$$P_{max} = P_{mean} \sqrt{\frac{1+\delta}{1-\delta}} \tag{5.2}$$

ここで，$\delta = \dfrac{B}{S}$

$$B = \sqrt{\tau^2 + 2\tau\kappa \cdot \cos\alpha + \kappa^2}$$

$$S = \tau + \frac{4\tau X}{1+\tau} + \kappa$$

P_{mean}：平均作動ガス圧力

τ：温度比（$= T_C / T_E$）

κ：行程容積比（$= V_{SC} / V_{SE}$）

α：位相角

X：全無効容積比（$= X_{DE} + X_{DC}$）

作動ガスの圧力変動 P は式（5.3），作動空間の容積変動は式（5.4）より算出する．

$$P = \frac{P_{\min} \cdot (1+\delta)}{1 - \delta \cdot \cos(\theta - \phi)} \tag{5.3}$$

$$V = \frac{V_{SE}}{2}(1 - \cos\theta) + \frac{V_{SC}}{2}\{1 - \cos(\theta - \alpha)\} \tag{5.4}$$

ここで，$\phi = \tan^{-1}\dfrac{\kappa \cdot \sin\alpha}{\tau + \kappa \cdot \cos\alpha}$〔deg〕

V_{SC}：低温側行程容積（$= V_{SE}$，$\kappa = 1$ より）〔cm^3〕

θ：クランク角〔deg〕

式（5.3）と式（5.4）より，P-V 線図を作成するとともに図示出力を算出し，設計課題である軸出力の確認を行う．

5.2.2　トルク変動計算

フライホイールの寸法計算に必要なトルク変動を算出する．クランク軸に作用するトルク T_q は，連接棒長さがクランク半径より十分長いと仮定して算出する．その算出過程を次に示す．

ピストンに作用する力 F_p は，次のように与えられる．

$$F_p = (P - P_{\mathrm{air}}) \cdot A_p$$

一方，膨張側のクランク軸に作用するトルク Tor_e と圧縮側のクランク軸に作用するトルク Tor_c は，次のように表される．

$$Tor_e = F_p \cdot R \cdot \sin\theta$$

$$Tor_c = F_p \cdot R \cdot \sin(\theta - \alpha) = -F_p \cdot R \cdot \cos\theta$$

したがって，クランク軸に作用するトルク T_q は，次のように求まる．

$$T_q = Tor_e + Tor_c = F_p \cdot R \cdot (\sin\theta - \cos\theta) \tag{5.5}$$

ここで，P_{air}：大気圧（$= 101.3\,\mathrm{kPa}$）

A_p：ピストン受圧面積〔m^2〕

R：クランク半径〔m〕

式（5.5）よりトルク変動曲線を作成するとともに，エネルギー変動分を算出し，速度変動率（$1/200$）および平均角速度より慣性モーメントを求める．

5.2.3　部品寸法

主要な部品寸法は，作動ガスの圧力変動が小さいため，強度計算結果に左右されるほど

ではないが，演習を目的に，最高作動ガス圧力と回転数より図5.2の流れに従い，その形状寸法を求める．しかし，各部品寸法は，計算結果にそれほど依存しない．したがって，自らが部品寸法を決める必要がある．

5.3 設 計 計 算 例

設計計算の一例を次に示す．ただし，ピストン直径 $D_p = 10\,\mathrm{mm}$，ストローク $S_p = 8\,\mathrm{mm}$，軸出力 $L_{\mathrm{net}} = 0.4\,\mathrm{W}$ とし，他の設計条件（作動空間温度，作動ガス空気の圧力，行程容積比，無効容積比，そして位相角）は前述の条件と同じである．

（1） 加熱量 Q_h

エンジンの動作に要する加熱量 Q_h は，エンジン熱効率 η_{net} を表す次式より求める．

$$\eta_{\mathrm{net}} = \left(1 - \frac{T_C}{T_E}\right) \cdot C \cdot \eta_h \cdot \eta_m$$

$$= \left(1 - \frac{323}{673}\right) \times 0.10 \times 0.10 \times 0.80$$

$$= 0.00416$$

ここで，C：カルノー効率比（$= 0.10$）

　　　　η_h：ヒータ効率（$= 0.10$）

　　　　η_m：機械効率（$= 0.80$）

ところで，カルノー効率比 C は，温度条件のみにより決まる理論的に最高の熱効率を表すカルノー効率（＝スターリング効率＝ $1 - T_C / T_E$）に対する実際の図示熱効率の割合を示す係数である．ヒータ効率 η_h は，加熱部に外部より供給した熱量に対する実際に作動ガスに伝達された熱量の割合を示す係数である．また，機械効率 η_m は，エンジン内の仕事量に対してエンジン外に取り出せる仕事量の割合を示す．

したがって，加熱ヘッド部の加熱量 Q_h が次のように求まる．

$$Q_h = \frac{L_{\mathrm{net}}}{\eta_{\mathrm{net}}} = \frac{0.4}{0.00416} = 96 \,\mathrm{[W]}$$

（2） 回 転 数 n

回転数 n は，軸出力と回転数との関係を表す式（5.1）より求める．

$$L_{\mathrm{net}} = 2.5 \times 10^{-6} \cdot P_{\mathrm{mean}} \cdot n \cdot V_{SE}$$

$$= 2.5 \times 10^{-6} \times 129 \times n \times 0.628 = 0.4$$

より

$$n = 1\,970 \,\mathrm{[rpm]}$$

ここで，V_{SE}：行程容積（高温側ピストン）

$$\left(= \frac{\pi}{4} \cdot D_P^2 \cdot S_P = \frac{\pi}{4} \times 1^2 \times 0.8 = 0.628\,\mathrm{cm}^3\right)$$

（3） 加熱ヘッド長さ L_h

図5.3に示す加熱ヘッド長さを，高温側無効容積比 X_{DE} より求める．

X_{DE} は，高温側空間の無効容積 V_{DE} と高温側ピストンの行程容積 V_{SE} との比で示されている．したがって，高温側無効容積 V_{DE} は，次のように求められる．

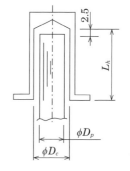

●図5.3　加熱ヘッド長さ

第5章　模型スターリングエンジンの設計製作と性能評価

$$X_{DE} = \frac{V_{DE}}{V_{SE}} = 1.50$$

より

$$V_{DE} = 1.50 V_{SE}$$
$$= 1.50 \times 0.628 = 0.942 \ (\text{cm}^3) = 942 \ (\text{mm}^3)$$

また，図 5.3 の幾何学的形状より算出される高温側無効容積 V_{DE} は，次式により求められる．

$$V_{DE} = \frac{\pi}{4}(D_c{}^2 - D_p{}^2)(L_h - 2.5) + \frac{\pi}{4}D_c{}^2 \times 2.5 + \frac{1}{3} \cdot \frac{\pi}{4}D_c{}^2 \cdot \frac{D_c}{2} \cdot \tan 30°$$

したがって，加熱ヘッド長さ L_h は，次のように求まる．

$$V_{DE} = 25.3 L_h + 311.3 = 942.0$$

$$L_h = 24.9 \ (\text{mm})$$

ただし，加工上の問題より，$L_h < 80$ mm とするが，市販注射器寸法を上限とする．

ここで，D_p：ピストン直径（$= 10$ mm）

D_c：加熱ヘッド内径（$= D_p + 2 \cdot \delta_p = 10.0 + 2 \times 0.75 = 11.5$ mm）

δ_p：ピストンと加熱ヘッドとのクリアランス（$= 0.75$ mm にとるが，$0.75 \sim$ 3.0 mm の範囲で選んでもよい．特に，ピストン径が大きくなるに従い，そのクリアランスを増加させるとよい）

（4） 冷却部（クーラ管）長さ L_k

図 5.4 に示す冷却部（クーラ管）長さを，低温側無効容積比 X_{DC} より求める．X_{DC} は，冷却部（低温側）の無効容積 V_{DC} と高温側ピストンの行程容積 V_{SE} との比で示されている．したがって，低温側無効容積 V_{DC} は，次のように求められる．

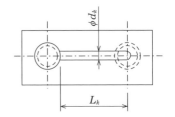

$$X_{DC} = \frac{V_{DC}}{V_{SE}} = 0.50$$

より

●図 5.4　冷却部（クーラ管）長さ

$$V_{DC} = 0.50 V_{SE}$$
$$= 0.50 \times 0.628 = 0.314 \ (\text{cm}^3) = 314 \ (\text{mm}^3)$$

また，図 5.4 の幾何学的形状より算出される冷却部無効容積 V_{DC} は，次式により求められる．

$$V_{DC} = \frac{\pi}{4} \cdot d_k{}^2 \cdot L_k$$

したがって，冷却部長さ L_k は，次のように求まる．

$$V_{DC} = \frac{\pi}{4} \cdot 3.5^2 \cdot L_k = 314.0$$

$$L_k = 32.6 \ (\text{mm})$$

ただし，L_k が過大になる場合は，本数を複数にとる．

ここで，d_k：クーラ管直径（$= 3.5$ mm にとるが，$2.5 \sim 5.0$ mm の範囲で選んでもよい）

高温空間と低温空間を連結するクーラ管の直径と本数は，ピストン直径が大きくなるに従い増加させるとよい．

（5） クリアランスシール部のシリンダ長さ L_s

シリンダ長さは，経験上ストロークの3倍に選ぶ．ただし，ピストン直径が大きく，ストロークも大きい場合には，ストロークの 2 ～ 2.5 倍に選ぶとよい．

$$L_s = 3 \cdot S_p = 3 \times 8 = 24 \,〔\text{mm}〕$$

（6） ピストン長さ L_{pe}, L_{pc}

図 5.1 に示す高温側ピストン長さ L_{pe} および低温側ピストン長さ L_{pc} は，上死点における高温側ピストンヘッドと加熱ヘッドとの最小隙間 δ_h，同様に低温側ピストンヘッドとシリンダ連結板との最小隙間 δ_c，シリンダ連結板の厚さ t_j，パッキン厚さ t_p，そして上死点位置にあるピストンのシリンダ下部から出ている長さ ζ を考慮に入れて，次式により算出する．

① **高温側ピストン長さ L_{pe}**

$$L_{pe} = \zeta + L_s + t_p + t_j + t_p + L_h - \delta_h$$
$$= 1 + 24 + 0.5 + 8 + 0.5 + 24.9 - 2.5 = 56.4 \,〔\text{mm}〕$$

② **低温側ピストン長さ L_{pc}**

$$L_{pc} = \zeta + L_s + t_p - \delta_c$$
$$= 1 + 24 + 0.5 - 1.5 = 24 \,〔\text{mm}〕$$

ここで，$\delta_h = 2.5\,\text{mm}$, $\delta_c = 1.5\,\text{mm}$, $\zeta = 1\,\text{mm}$, $t_j = 8\,\text{mm}$, $t_p = 0.5\,\text{mm}$

ただし，市販注射器をピストンとシリンダに利用する場合，その許容寸法をあらかじめ調べておく必要がある．特に，長いピストン長の必要な高温側ピストンの設計には，十分注意が必要である．一例として，市販ガラス製注射器のピストン直径と利用できる長さには，次の関係がある．

$$
\begin{aligned}
&3\,\text{cc 用：} \phi 10\,\text{mm} \rightarrow 60\,\text{mm}\\
&5\,\text{cc 用：} \phi 12\,\text{mm} \rightarrow 68\,\text{mm}\\
&10\,\text{cc 用：} \phi 15\,\text{mm} \rightarrow 89\,\text{mm}\\
&20\,\text{cc 用：} \phi 18\,\text{mm} \rightarrow 105\,\text{mm}\\
&30\,\text{cc 用：} \phi 22\,\text{mm} \rightarrow 111\,\text{mm}\\
&50\,\text{cc 用：} \phi 25\,\text{mm} \rightarrow 142\,\text{mm}
\end{aligned}
$$

（7） 加熱部・冷却部を除くその他の無効容積比 X_R

加熱部と冷却部間の接続空間容積 V_{R1} は，次式により求められる．

$$V_{R1} = \frac{\pi}{4} \cdot \left(D_c^{\,2} - D_P^{\,2} \right) \cdot t_j$$

$$= \frac{\pi}{4} \left(11.5^2 - 10.0^2 \right) \times 8 = 203.0 \,〔\text{mm}^3〕$$

また，圧縮空間の無効容積 V_{R2} は，次式により求められる．

$$V_{R2} = \frac{\pi}{4} \cdot D_p^{\,2} \cdot \delta_c$$

$$= \frac{\pi}{4} \times 10.0^2 \times 1.5 = 117.8 \,〔\text{mm}^3〕$$

したがって，その他の無効容積比 X_R は，次のように求まる．

$$X_R = \frac{V_{R1} + V_{R2}}{V_{SE}} = \frac{203.0 + 117.8}{628.0} = 0.51$$

（8）　全無効容積比 X

本エンジンにとって，全無効容積比は，圧縮性すなわち作動ガス圧力に影響し，性能に直接影響を及ぼす．全無効容積比 X は，次のように求められる．

$$X = X_{DE} + X_{DC} + X_R = 1.50 + 0.50 + 0.51 = 2.51$$

（9）　作動ガスの最高圧力 P_{max}

作動ガスの最高圧力は，式（5.2）より次のように求まる．

$$P_{max} = P_{mean} \sqrt{\frac{1+\delta}{1-\delta}}$$

$$= 129 \sqrt{\frac{1+0.234}{1-0.234}} = 163 \ \text{〔kPa〕}$$

ここで，　$\delta = \dfrac{B}{S} = 0.234$

$$B = \sqrt{\tau^2 + 2\tau\kappa\cos\alpha + \kappa^2} = \sqrt{0.48^2 + 1^2} = 1.11$$

$$S = \tau + \frac{4\tau X}{1+\tau} + \kappa = 0.48 + \frac{4 \times 0.48 \times 2.51}{1+0.48} + 1 = 4.74$$

$$\tau = \frac{T_C}{T_E} = \frac{323}{673} = 0.48, \ \kappa = 1, \ \alpha = 90 \text{〔deg〕}, \ X = 2.51$$

（10）　P－V 線図

作動ガスの圧力変動と作動空間の容積変動を式（5.3）と式（5.4）より算出し，P-V 線図を作成する．

$$P = \frac{P_{min}(1+\delta)}{1-\delta\cos(\theta-\phi)}$$

$$V = \frac{V_{SE}}{2}(1-\cos\theta) + \frac{V_{SC}}{2}\{1-\cos(\theta-\alpha)\}$$

ここで，$V_{SE} = V_{SC} = 0.628$〔cm³〕

$$\phi = \tan^{-1}\frac{\kappa \cdot \sin\alpha}{\tau + \kappa \cdot \cos\alpha} = \tan^{-1}\frac{\kappa}{\tau} = \tan^{-1}\frac{1}{0.48} = 64.4 \text{〔deg〕}$$

得られたクランク角 θ に対する圧力変動曲線（P-θ 線図）と容積変動曲線（V-θ 線図），そして容積 V に対する圧力変動曲線（P-V 線図）を図5.5 ～図5.7 に示す．

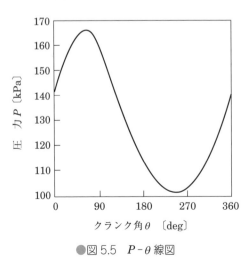

●図5.5　P-θ 線図　　　　　　　●図5.6　V-θ 線図

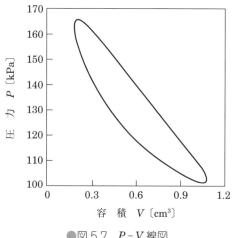

●図5.7 P-V線図

（11） 軸出力 L_{net}

軸出力ならびにフライホイール寸法の算出に必要な図示仕事 W_i は，図5.7の P-V 線図の面積を算出することにより求めることができるが，次式によっても求められる.

$$W_i = \frac{P_{max} V_{SE} \pi \delta (1-\tau) \sin\phi}{1+\sqrt{1-\delta^2}} \cdot \sqrt{\frac{1-\delta}{1+\delta}}$$

$$= \frac{163\times10^3 \times 0.628\times10^{-6} \times \pi \times 0.234 \times (1-0.48) \times \sin 64.4°}{1+\sqrt{1-0.234^2}} \cdot \sqrt{\frac{1-0.234}{1+0.234}}$$

$$= 1.41\times10^{-2} \text{ 〔N·m〕}$$

この結果，図示出力 L_i は，次のように求まる.

$$L_i = \frac{W_i \cdot n}{60} = \frac{1.41\times10^{-2} \times 1970}{60} = 0.463 \text{ 〔W〕}$$

また，設計条件より与えた軸出力 L_{net} は次のように求められ，設計条件をほぼ満足することがわかる.

$$L_{net} = L_i \cdot \eta_m = 0.463 \times 0.8 = 0.370 \text{ 〔W〕}$$

（12） シリンダ肉厚 t_c

シリンダ肉厚は，シリンダを内圧を受ける薄肉円筒と仮定して，次式より求める.

$$t_c = \frac{(P_{max} - P_{air}) \cdot D_c}{2 \cdot \sigma_{max}}$$

$$= \frac{(163-101)\times10^3 \times 11.5}{2\times3\times10^7} = 1.18\times10^{-2} \text{ 〔mm〕}$$

ここで，P_{air}：大気圧（$= 101\,kPa$）

σ_{max}：円周方向の最大許容引張り応力（片振り繰り返し荷重の場合

A1050：$3\times10^7\,Pa$

SS400：$6\times10^7\,Pa$

S45C ：$8\times10^7\,Pa$）

計算によると，純アルミニウム A1050 材でも無視できるほどの肉厚があればよい. しかし，加熱ヘッドは，耐熱および耐腐食性の問題より SUS304 を使用することとし，そ

第5章 模型スターリングエンジンの設計製作と性能評価

の肉厚を 1 mm にとる．他については放熱の問題ならびに加工性より A5052 を使用し，その肉厚を 3 mm にとる．

（13）　シリンダ固定用締結ボルトの呼び径 d_b

シリンダ固定用締結ボルトの呼び径は，材料に SCM440 を選び，次の引張り強度計算式より算出する．

$$d_b^2 = \frac{F_b}{\frac{\pi}{4} \cdot \left(\frac{d_{b1}}{d_b}\right)^2 \cdot \sigma_b}$$

$$= \frac{1.61}{\frac{\pi}{4} \times 0.8^2 \times 12 \times 10^7} = 2.67 \times 10^{-8} \,[\mathrm{m}^2]$$

したがって，$d_b = 0.163$ mm が求まるが，締結の容易性より M3 の SCM440 あるいはステンレス製六角穴付きボルトを使用する．

ここで，F_b：1 本のボルトに作用する最大引張り力

$$= \frac{(P_{\max} - P_{\mathrm{air}}) \cdot \pi \cdot D_c^2}{4\,n_b} = \frac{(163-101) \times 10^3 \times \pi \times 11.5^2 \times 10^{-6}}{4 \times 4}$$

$$= 1.61 \,[\mathrm{N}]$$

d_{b1} / d_b：ボルトの谷径／外径（$= 0.8$）

n_b：ボルトの本数（$= 4$）

σ_b：許容引張り応力（片振り繰り返し荷重の場合

　　　　SS400　　：$6 \times 10^7\,\mathrm{Pa}$

　　　　S45C　　：$8 \times 10^7\,\mathrm{Pa}$

　　　　SCM440：$12 \times 10^7\,\mathrm{Pa}$）

（14）　トルク変動曲線

クランク軸に作用するトルクは式（5.5）より，次式のように求められる．

$$T_q = F_p \cdot R\,(\sin\theta - \cos\theta) = F_p \cdot R \cdot 1.41 \cdot \sin\left(\theta - \frac{\pi}{4}\right)$$

ただし，連接棒長さ $L_{\mathrm{con}} \gg$ クランク半径 R とする．

$$A_p = \frac{\pi}{4} D_p^2 = \frac{\pi}{4} \cdot 10^2 = 78.5 \,[\mathrm{mm}^2]$$

$$R = \frac{S_p}{2} = \frac{8}{2} = 4 \,[\mathrm{mm}]$$

トルク変動曲線の一例を図 5.8 の実線に示す．図中の破線は平均トルクである．この結果を利用して，フライホイールの形状寸法を求めることができる．

（15）　フライホイール寸法

図 5.9 に示すフライホイール寸法を算出する．エネルギー変動分 ΔE は，次式により得られる．

$$\Delta E = \xi \cdot W_i$$

$$= 0.25 \times 1.41 \times 10^{-2} = 3.53 \times 10^{-3} \,[\mathrm{N \cdot m}]$$

ここで，ξ：エネルギー変動率（$= 0.25$）

フライホイールに要求される慣性モーメント I_E は，次式により求められる．

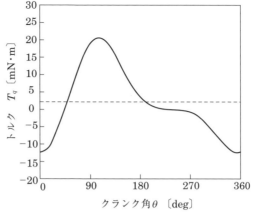

●図5.8 トルク変動曲線

$$I_E = \frac{\Delta E}{\delta \cdot \omega_m^2}$$

$$= \frac{3.53 \times 10^{-3}}{\dfrac{1}{200} \times 206^2} = 1.66 \times 10^{-5} \ [\mathrm{kg \cdot m^2}]$$

ここで，δ：速度変動率 $\left(= \dfrac{\omega_{\max} - \omega_{\min}}{\omega_m} = \dfrac{1}{200} \right)$

ω_m：平均角速度 $\left(= \dfrac{\omega_{\max} + \omega_{\min}}{2} = \dfrac{2\pi n}{60} = \dfrac{2\pi \times 1970}{60} = 206 \ \mathrm{rad/s} \right)$

一方，図5.9の形状より求められるフライホイールの慣性モーメント I_s は，次式により求められる．

$$I_s = \frac{\pi \cdot \rho \cdot b \left(r_o{}^4 - r_i{}^4 \right)}{2} = \frac{\pi \times 8530 \times 5 \times 10^{-3} \left(r_o{}^4 - 0.75^4 \times r_o{}^4 \right)}{2}$$

$$= 45.8 \, r_o{}^4 \ [\mathrm{kg \cdot m^2}]$$

したがって，$I_s = I_E = 1.66 \times 10^{-5}$ よりフライホイール寸法 $r_o = 24.8$ mm，$r_i = 18.6$ mm が求まる．すなわち，幅 $b = 5$ mm，外径 $2 \times r_o = 49.6 \rightarrow 50$ mm，内径 $2 \times r_i = 37.2 \rightarrow 37$ mm が得られる．なお，外径が過大な場合は，幅 b を大きくするとよい．

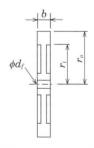

●図5.9 フライホイール寸法

ここで，r_o：フライホイール外半径

r_i：フライホイール内半径（$= 0.75 r_o$）

b：フライホイール幅（$= 5$ mm）

ρ：フライホイール材料の密度

（黄銅 C3604：$8530 \ \mathrm{kg/m^3}$）

ところで，製作に当たっては，内半径 $r_i = 0$ にしても差し支えない．

（16） 連接棒寸法

図5.10に示す連接棒（コネクティングロッド）には厚さ2mmのアルミニウム板を使用し，その幅と長さ寸法は，圧縮強度ならびに座屈強度計算より算出する．

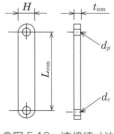

●図5.10 連接棒寸法

第5章 模型スターリングエンジンの設計製作と性能評価

① 幅 *H*

幅 H は，圧縮強度計算より求める．最小断面積 A_{con} は，次式により算出できる．

$$A_{con} = \frac{F_{con}}{\sigma_c}$$

$$= \frac{4.87}{3 \times 10^7} = 0.162 \times 10^{-6} \,[\mathrm{m^2}] = 0.162 \,[\mathrm{mm^2}]$$

したがって，最小幅 H は，次のように求まる．

$$H = \frac{A_{con}}{t_{con}} = \frac{0.162}{2} = 0.081 \,[\mathrm{mm}]$$

しかし，構造上，$H = 8 \sim 10\,\mathrm{mm}$ にとる．なお，ピストンピンとクランクピンに玉軸受（ミニチュアベアリング）を使用する場合，玉軸受外径を超える幅 H を選ぶ．

ここで，F_{con}：連接棒にかかる力

$$= (P_{max} - P_{air}) \cdot A_p = (163 - 101) \times 10^3 \times \frac{\pi}{4} \times 10^2 \times 10^{-6} = 4.87 \,[\mathrm{N}]$$

σ_c：許容圧縮応力（片振り繰り返し荷重の場合
　　　A1050P：$3 \times 10^7\,\mathrm{Pa}$）

t_{con}：連接棒の厚さ（$= 2\,\mathrm{mm}$）

② 長さ L_{con}

長さ L_{con} は，座屈強度計算より求める．最大長さは，次式により算出できる．

$$L_{con} = \sqrt{\frac{\pi^2 \cdot E \cdot I}{F_{con} \cdot S}}$$

$$= \sqrt{\frac{\pi^2 \times 7 \times 10^{10} \times 5.33 \times 10^{-12}}{4.87 \times 6}} = 0.355 \,[\mathrm{m}] = 355 \,[\mathrm{mm}]$$

しかし，構造上，$L_{con} = 50\,\mathrm{mm}$ にとる．連接棒長さは短すぎると，ピストンとシリンダとの摩擦が大きくなるので，少なくともフライホイール外径程度に選ぶとよい．

ここで，I：断面2次モーメント（$= \dfrac{t_{con} \cdot H^3}{12} = \dfrac{2 \times 8^3}{12} = 85.3\,\mathrm{mm^4}$ および $\dfrac{H \cdot t_{con}^3}{12}$

　　　$= 5.33\,\mathrm{mm^4}$ より，I には最小値 5.33 を選ぶ）

E：縦弾性係数（A1050：$7 \times 10^{10}\,\mathrm{Pa}$）

S：安全率（片振り繰り返し荷重 $= 6$）

（17）ピストンピン，クランクピン，クランク軸

ピストンピン，クランクピン，そしてクランク軸の直径 d は，次式のせん断強度計算より求める．

$$d = \sqrt[3]{\frac{16 \cdot T_{q\,max}}{\pi \cdot \tau_{max}}}$$

$$= \sqrt[3]{\frac{16 \times 27.5 \times 10^{-3}}{\pi \times 5 \times 10^7}} = 1.41 \times 10^{-3} \,[\mathrm{m}]$$

すなわち，$d = 1.41\,\mathrm{mm}$ が得られるが，構造上ピストンピン直径 d_p とクランクピン直径 d_c は $\phi 2\,\mathrm{mm}$，クランク軸径 d_i は $\phi 3\,\mathrm{mm}$ にとる．ところで，ピストンピン直径 d_p とクランクピン直径 d_c は $\phi 2\,\mathrm{mm}$ にとるが，図5.10の連接棒における各穴寸法 d_p と d_c は，内径2mmのベアリング外径寸法になる．

ここで，$T_{q\max}$：最大トルク $\left(=F_{\mathrm{con}}\cdot R\cdot 1.41 = 4.87\times 4\times 1.41\right.$

$\left. = 27.5\,\mathrm{N}\cdot\mathrm{mm}\right)$

$\tau_{\max}$：許容せん断応力（片振り繰り返し荷重の場合

$\mathrm{S20C}：5\times 10^7\,\mathrm{Pa}$）

（18） クランクピン，ピストンピン，そしてクランク軸玉軸受の選定

① クランクピンとピストンピン玉軸受の寿命

クランクピンとピストンピン径 2 mm に対するミニチュア玉軸受として MF52（P159，F682 に相当）（基本動定格荷重 $C_r = 169\,\mathrm{N}$）を選び，この寿命計算を行う．寿命時間 L_H は，次式により算出する．

$$L_H = 500\cdot f_h{}^3 = 500\times 8.9^3 = 355\,000\ \mathrm{[h]}$$

すなわち，選定した軸受で十分である．

ここで，f_h：寿命係数 $\left(=\dfrac{f_n\cdot C_r}{R_b} = \dfrac{0.257\times 169}{4.87} = 8.9\right)$

f_n：速度係数 $\left(=\sqrt[3]{\dfrac{33.3}{n}} = \sqrt[3]{\dfrac{33.3}{1\,970}} = 0.257\right)$

R_b：反力（$F_{\mathrm{con}} = 4.87\,\mathrm{N}$）

② クランク軸玉軸受の寿命

クランク軸径 3 mm に対するミニチュア玉軸受として MF63（基本動定格荷重 $C_r = 208\,\mathrm{N}$）を選び，この寿命計算を行う．寿命時間 L_h を，次式により算出する．

$$L_H = 500\cdot f_h{}^3 = 500\times 11.0^3 = 661\,000\ \mathrm{[h]}$$

すなわち，選定した軸受で十分である．

ここで，f_h：寿命係数 $\left(=\dfrac{f_n\cdot C_r}{R_b} = \dfrac{0.257\times 208}{4.87} = 11.0\right)$

f_n：速度係数 $\left(=\sqrt[3]{\dfrac{33.3}{n}} = \sqrt[3]{\dfrac{33.3}{1\,970}} = 0.257\right)$

R_b：反力（$F_{\mathrm{con}} = 4.87\,\mathrm{N}$）

5.4 設 計 図 面

設計作品例としてその組立図ならびに部品図を示す．設計作品は，5.3 節の設計計算例（ピストン直径 $\phi 10\,\mathrm{mm}$，ストローク 8 mm，そして軸出力 0.4 W の設計条件）より得られている．なお，アルミニウム材料については，加工の手間を省くために，プレート状のサッシ材を用いるとよい．

ところで，ピストン直径やストロークを大きくとる場合には，クランク軸の軸受間の距離を長くし，フライホイールならびに偏心円盤の質量による軸の曲げを防ぐとよい．

第 5 章 模型スターリングエンジンの設計製作と性能評価

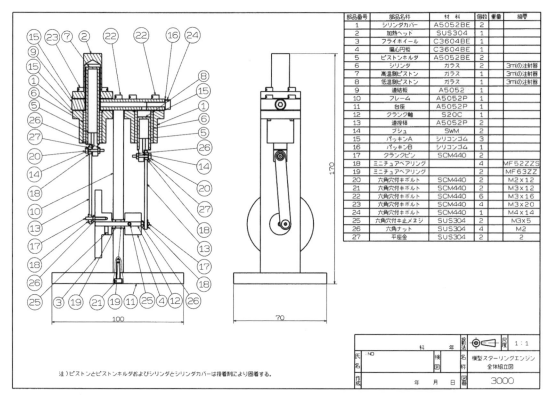

部品番号	部品名称	材 料	個数	重量	摘要
1	シリンダカバー	A5052BE	2		
2	加熱ヘッド	SUS304	1		
3	フライホイール	C3604BE	1		
4	偏心円板	C3604BE	1		
5	ピストンホルダ	A5052BE	2		
6	シリンダ	ガラス	2		3mlの注射器
7	高温側ピストン	ガラス	1		3mlの注射器
8	低温側ピストン	ガラス	1		3mlの注射器
9	連結板	A5052	1		
10	フレーム	A5052P	1		
11	台座	A5052P	1		
12	クランク軸	S20C	1		
13	連捍棒	A5052P	2		
14	ブシュ	SWM	2		
15	パッキンA	シリコンゴム	3		
16	パッキンB	シリコンゴム	1		
17	クランクピン	SCM440	2		
18	ミニチュアベアリング		4		MF52ZZS
19	ミニチュアベアリング		2		MF63ZZ
20	六角穴付キボルト	SCM440	2		M2×12
21	六角穴付キボルト	SCM440	2		M3×12
22	六角穴付キボルト	SCM440	6		M3×16
23	六角穴付キボルト	SCM440	4		M3×20
24	六角穴付キボルト	SCM440	1		M4×14
25	六角穴付キ止メネジ	SUS304	2		M3×5
26	六角ナット	SUS304	4		M2
27	平座金	SUS304	2		2

注）ピストンとピストンホルダおよびシリンダとシリンダカバーは接着剤により固着する。

		材　年		検図	名称	模型スターリングエンジン 全体組立図
氏名	:NO					
作成		年　月　日		図番		3000

投影法 1:1

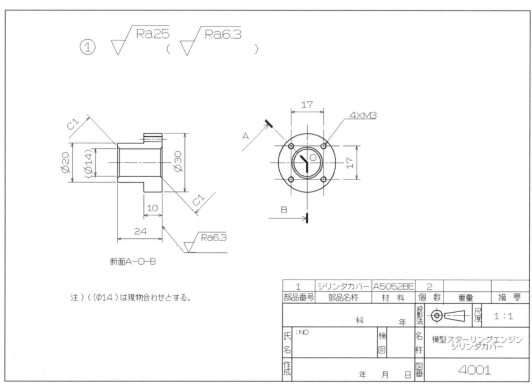

① √Ra25　(√Ra6.3　)

断面A-O-B

注）（φ14）は現物合わせとする。

1	シリンダカバー	A5052BE	2		
部品番号	部品名称	材　料	個数	重量	摘要
		材　年		検図	名称 模型スターリングエンジン シリンダカバー
氏名	:NO				
作成		年　月　日	図番		4001

投影法 1:1

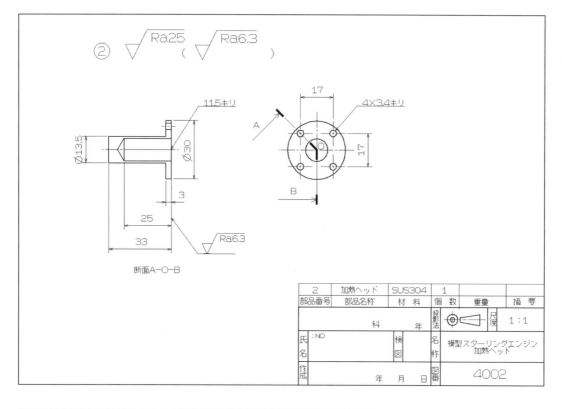

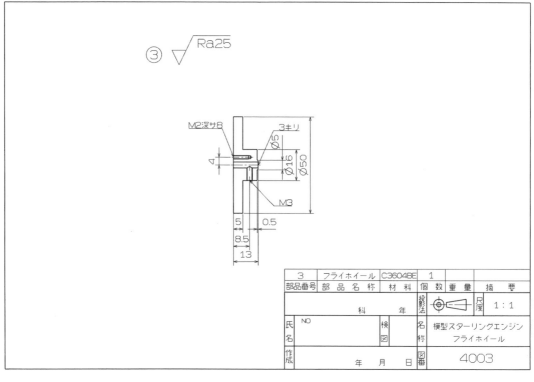

第5章 模型スターリングエンジンの設計製作と性能評価

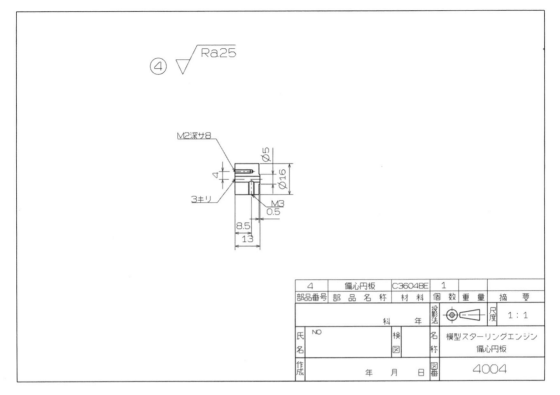

4	偏心円板	C3604BE	1		
部品番号	部品名称	材料	個数	重量	摘要

模型スターリングエンジン
偏心円板

4004

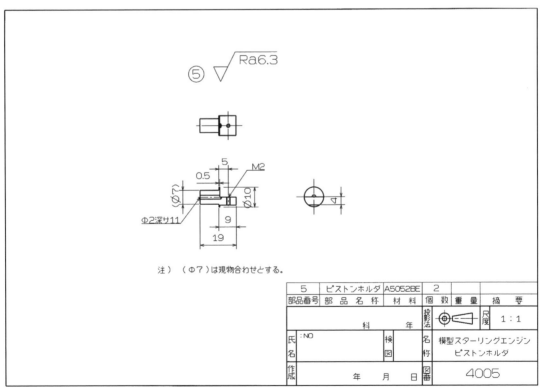

注）（Φ7）は現物合わせとする。

5	ピストンホルダ	A5052BE	2		
部品番号	部品名称	材料	個数	重量	摘要

模型スターリングエンジン
ピストンホルダ

4005

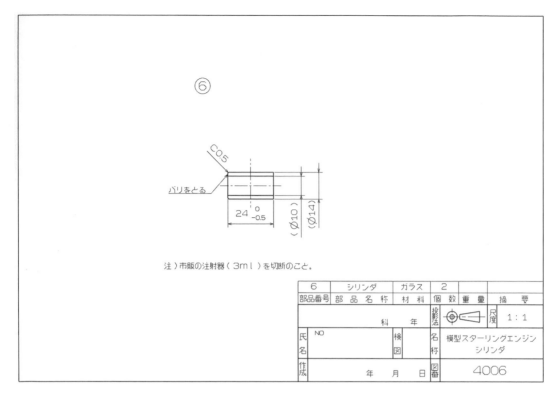

注）市販の注射器（3ml）を切断のこと。

6	シリンダ	ガラス	2		
部品番号	部品名称	材料	個数	重量	摘要
	科 年			投影法 ⊕⊲	尺度 1 : 1
氏名	NO		検図	名称	模型スターリングエンジン シリンダ
作成	年 月 日			図番	4006

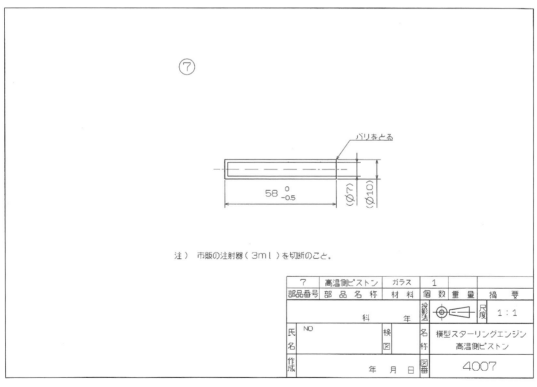

注） 市販の注射器（3ml）を切断のこと。

7	高温側ピストン	ガラス	1		
部品番号	部品名称	材料	個数	重量	摘要
	科 年			投影法 ⊕⊲	尺度 1 : 1
氏名	NO		検図	名称	模型スターリングエンジン 高温側ピストン
作成	年 月 日			図番	4007

第5章 模型スターリングエンジンの設計製作と性能評価

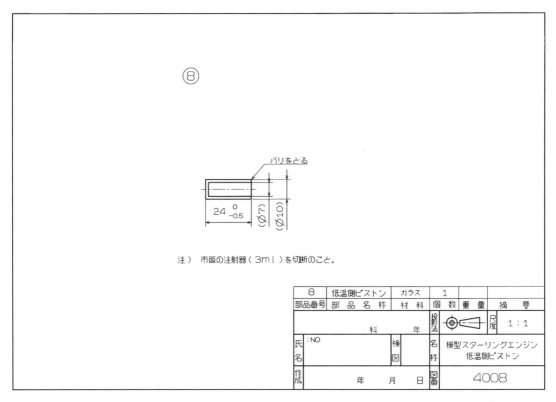

⑧

バリをとる

$24 \begin{smallmatrix} 0 \\ -0.5 \end{smallmatrix}$　$\langle\phi 7\rangle$　$\langle\phi 10\rangle$

注）　市販の注射器（3ml）を切断のこと。

8	低温側ピストン	ガラス	1		
部品番号	部 品 名 称	材 料	個 数	重 量	摘 要
	科　　　　年			尺度	1：1
氏名　：NO		検図		名称	模型スターリングエンジン 低温側ピストン
作成	年　月　日			図番	4008

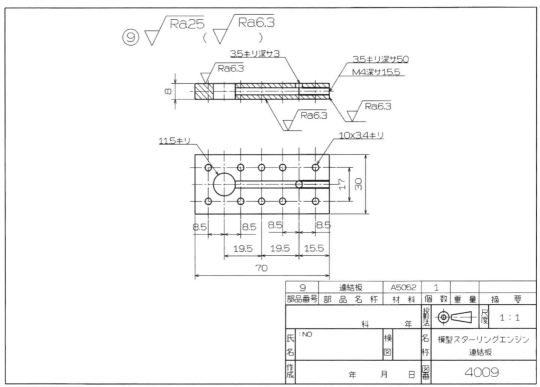

⑨ $\sqrt{}$ Ra25　$\sqrt{}$ Ra6.3
（　$\sqrt{}$　）

Ra6.3　3.5キリ深サ3　3.5キリ深サ50　M4深サ15.5

8

Ra6.3　Ra6.3

11.5キリ　10x3.4キリ

17　30

8.5　8.5　8.5　8.5

19.5　19.5　15.5

70

9	連結板	A5052	1		
部品番号	部 品 名 称	材 料	個 数	重 量	摘 要
	科　　　　年			尺度	1：1
氏名　：NO		検図		名称	模型スターリングエンジン 連結板
作成	年　月　日			図番	4009

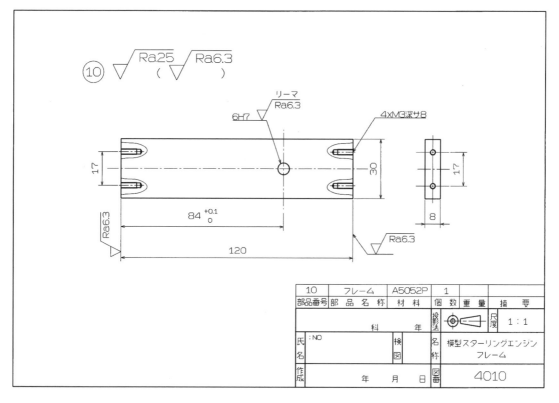

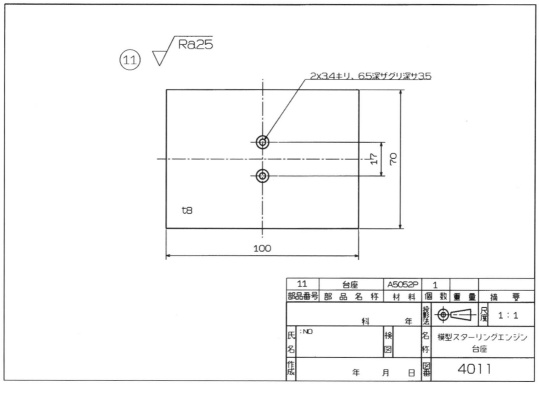

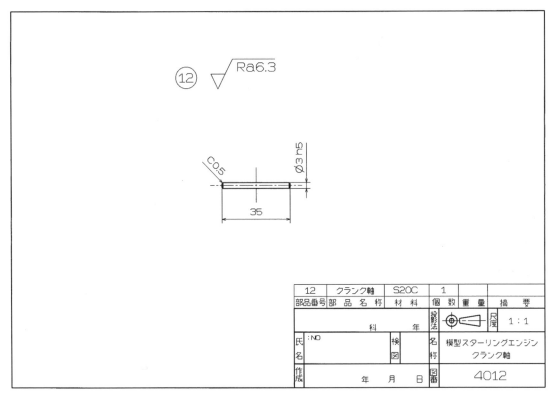

12	クランク軸	S20C	1		
部品番号	部 品 名 称	材 料	個 数	重 量	摘 要

		科	年	投影法		尺度 1：1
氏名	:NO		検図	名称	模型スターリングエンジン クランク軸	
作成		年　月　日		図番	4012	

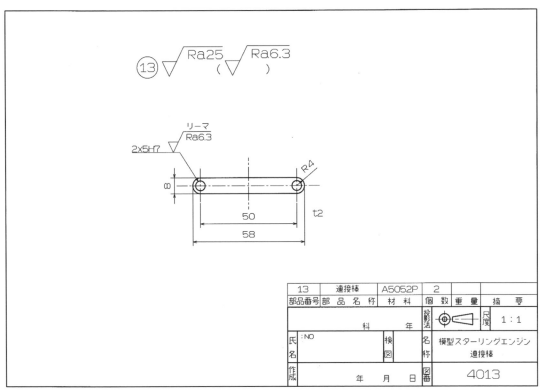

13	連接棒	A5052P	2		
部品番号	部 品 名 称	材 料	個 数	重 量	摘 要

		科	年	投影法		尺度 1：1
氏名	:NO		検図	名称	模型スターリングエンジン 連接棒	
作成		年　月　日		図番	4013	

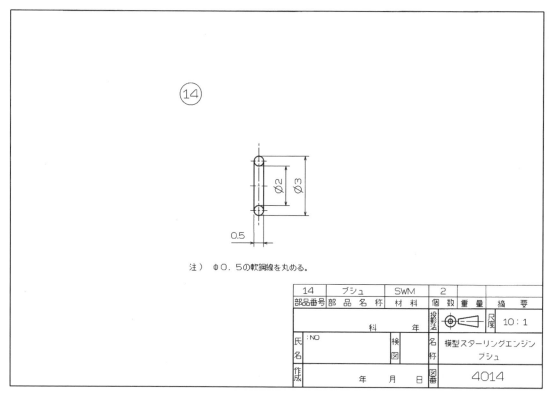

注） φ0.5の軟鋼線を丸める。

14	ブシュ	SWM	2		
部品番号	部品名称	材料	個数	重量	摘要
	科	年	投影法	尺度	10:1
氏名	:NO	検図	名称	模型スターリングエンジン ブシュ	
作成	年 月 日	図番	4014		

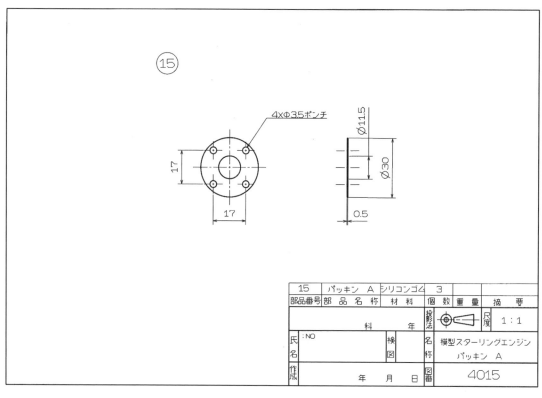

4×φ3.5ポンチ
φ11.5
φ30
17
17
0.5

15	パッキン A	シリコンゴム	3		
部品番号	部品名称	材料	個数	重量	摘要
	科	年	投影法	尺度	1:1
氏名	:NO	検図	名称	模型スターリングエンジン パッキン A	
作成	年 月 日	図番	4015		

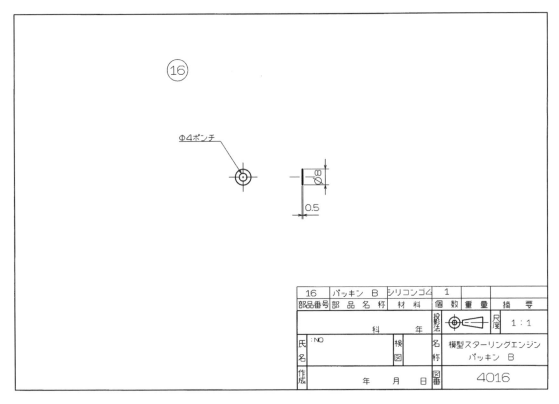

16	パッキン　B	シリコンゴム	1			
部品番号	部 品 名 称	材 料	個 数	重 量		摘 要

				投影法	尺度	1：1
	科	年	名称			
氏名	:NO	検図		模型スターリングエンジン パッキン　B		
作成	年　月　日	図番		4016		

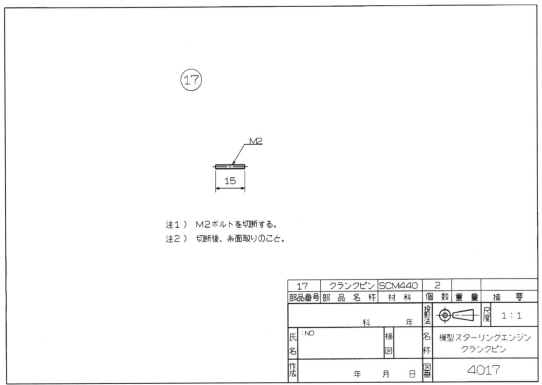

注1）　M2ボルトを切断する.
注2）　切断後、糸面取りのこと.

17	クランクピン	SCM440	2			
部品番号	部 品 名 称	材 料	個 数	重 量		摘 要

				投影法	尺度	1：1
	科	年	名称			
氏名	:NO	検図		模型スターリングエンジン クランクピン		
作成	年　月　日	図番		4017		

5.5 製 作・組 立

本エンジンの製作には，工作機械や工具が必要である．使用する工作機械は，汎用旋盤，フライス盤，ボール盤，帯鋸盤など，そして手仕上げ加工に必要な工具は，雌ネジを切るタップ，バリ取り用のヤスリ，リーマなどである．

加工精度（位置決め，はめあい）の必要な部品は，NC工作機械（NC旋盤，MC，CNCタレットパンチプレスやレーザ加工機）により加工するとよいが，汎用工作機械でも十分である．

5.5.1 製作工程

図 5.11 にはエンジンの部品構成を示す．図ならびに設計図面より，あらかじめ材料と加工法のチェックを行う必要がある．

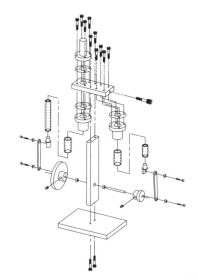

●図 5.11　模型エンジンの部品構成 [2]

位置決め，はめあいなどの加工精度の必要とする部品加工は，初心者には難しい．しかし，汎用工作機械ですべて作り上げることができる．

主な部品の製作方法および製作工程の一例は，次のとおりである．

（1）　ピストンおよびシリンダ

材料は，ガラス製注射器である．所要の寸法を有する切断済みの注射器を購入することが可能である．自身で切断する場合は，青砥（G.C）のグラインダの角を使って，注射器を回転させながら切り込みを入れ，切断する．長さの調整とバリ取りは，紙ヤスリ（100〜200番程度）により行うとよい．高速精密切断機があると便利である．なお，取扱い不注意により破損しないようにする．

　　　　−注射器の切断（精密高速切断機）→寸法検査

（2）　加熱ヘッド

材料は，難削材のステンレス鋼である．本部品の外形は，旋盤により加工する．続いて，フライス盤によりボルト穴の位置決めとボルト穴あけを行う．その後，旋盤により部品内

の穴あけφ11.5をドリルを用いて行う．

　　　　－材料切断（帯鋸盤）→外形加工（旋盤）→ボルト穴の位置決めと穴あけ（フライ
　　　　ス盤）→中ぐり（旋盤）→寸法検査

（3）　シリンダカバー

　材料は，アルミニウム合金である．本部品の外形を旋盤により加工した後，フライス盤により締結ボルト用の雌ネジの位置決めを行い，タップを用いてネジ切りする．続いて，シリンダ（ガラス製注射器の外筒）に合わせて，すなわち現物合わせによりシリンダカバーの中心穴を旋盤を用いて中ぐりする．注射器外筒は，製品によって外径が異なるので，注意する必要がある．

　　　　－材料切断（帯鋸盤）→外形加工（旋盤）→雌ネジの下穴位置決めと穴あけ（フラ
　　　　イス盤）→雌ネジ切り→中ぐり（旋盤：現物合わせ）→寸法検査

（4）　フライホイール

　材料は，黄銅である．外形は旋盤加工であるが，チャック代が少ないので，切込み量を加減して加工する．その後，クランク軸用の穴あけ，クランク軸とフライホイールを固定する止めネジ用とクランクピン用の雌ネジ切りを行う．

　　　　－材料切断（帯鋸盤）→外形加工とクランク軸穴加工（旋盤）→クランクピン用
　　　　ネジ穴とクランク軸との止めネジ用雌ネジ下穴の位置けがき→同下穴の穴あけ
　　　　（ボール盤）→雌ネジ切り→寸法検査

（5）　ピストンホルダ

　材料は，アルミニウム合金である．シリンダカバーと同様に，旋盤により注射器の内筒との現物合わせ加工を行う．現物合わせを行う前に，接合部がきつすぎると，加熱した際にピストンホルダが膨張し，ガラス製ピストンを割ることがないよう，空気抜きの小穴をあけるとよい．その後，フライス盤によりエンドミルを用いた連接棒との接合部の加工，ならびにピストンピン用の雌ネジ切りを行う．なお，本部品は小さいので，ドリルおよびタップ加工には，細心の注意を払う必要がある．

　　　　－材料切断（金鋸）→外形加工と穴あけ（旋盤：現物合わせ）→外形加工（フライ
　　　　ス盤）→雌ネジ下穴の位置けがき→同下穴の穴あけ（ボール盤）→雌ネジ切り→
　　　　寸法検査

（6）　シリンダ連結板

　材料は，アルミニウム合金である．主に，フライス加工である．外形をエンドミルにより加工した後，締結ボルト用穴位置決めと穴あけならびに連結穴の穴あけなどを行う．ただし，中心にあける長い連結穴加工には，ロングドリルを使用し，ドリルが折れることのないよう，切り屑の排出に十分注意する．

　　　　－材料切断（帯鋸盤）→外形加工（フライス盤）→ボルト穴と連結穴の位置決めお
　　　　よび穴あけ（フライス盤）→雌ネジ切り→寸法検査

（7）　フレームおよび台座

　材料は，アルミニウム合金である．フライス加工により，外形加工ならびに取り合いの穴の位置決めと穴あけを行った後，必要箇所のネジ切りを行う．

　　　　－材料切断（帯鋸盤）→外形加工（フライス盤）→穴の位置決めと穴あけ（フライ
　　　　ス盤）→雌ネジ切り→寸法検査

（8）　連接棒（コネクティングロッド）

　材料は，アルミニウム合金である．金鋸などにより所要の寸法より幾分大きめに切り出

し，フライス加工により外形の調整と穴の位置決めと穴あけを行う．薄板のため，フライス加工が難しければ，ヤスリがけにより外形の調整を行った後，穴位置のけがきを行い，ボール盤を用いて穴あけを行ってもよい．

　　　－材料切断（金鋸）→外形加工（ヤスリ）→穴位置のけがき→穴あけ（ボール盤）
　　　→寸法検査

　　使用する主な器工具を次に示す．
　① 　バイト
　　　高速度鋼：片刃，突切り，内径バイト
　　　超鋼：片刃，片刃（SUS用），内径バイト
　② 　ドリル
　　　ドリル：ϕ1.6, ϕ2.0, ϕ2.5, ϕ3.0, ϕ3.2, ϕ3.4, ϕ3.5, ϕ5.0, ϕ6.0, ϕ11.5, ϕ12.5
　　　ロングドリル：ϕ3.5×65×125
　③ 　ハンドリーマ：ϕ5.0, ϕ6.0
　④ 　エンドミル：ϕ6.5, ϕ20
　⑤ 　タップ：M2, M3, M4
　⑥ 　皮用穴あけポンチ：ϕ3, ϕ4

5.5.2 組立の注意点

　　エンジンの組立方法は，組立図をよく理解していることが重要である．組立時に注意すべき点を列挙すると，次のようになる．

（1） 部品の扱い

　　部品材料には，アルミニウム合金，黄銅，ステンレス鋼などの各種金属，ガラス，シリコンゴムなどがある．特に，ガラス製のシリンダとピストンの扱いを慎重にする．また，高温側と低温側のピストンとシリンダの注射器外筒と内筒の組合せに注意する．

（2） シリンダカバーとシリンダの接合

　　接合は，シリコン系充填材（例：信越シリコーン KE-3418，信越化学工業）で行う．充填材は，シリンダカバーとシリンダの間からガスが漏れないように，まんべんなく塗布する．また，シリンダ内面に充填材が付着しないよう注意し，完全に乾くまで力を加えない．

（3） ピストンとピストンホルダの接合

　　接合は，シリコン系充填材あるいは瞬間接着剤で行う．仕上がり寸法精度が悪い場合は，シリコン充填材が有効である．シリンダと同様，接着剤がピストン外面に付着しないよう注意する．

（4） ピストンとシリンダの擦り合わせ

　　注射器の外筒と内筒を用いて両者を擦り合わせたシリンダとピストンは，水分や油，ゴミなどが付着すると急激に摩擦が増大する．そのため，組み立てる前に，速乾性の脱脂洗浄剤（例：スリーボンド 2706）を用いて付着物を除去する．なお，摩擦が大きい場合には，研磨剤（例：ピカール金属磨，日本磨料工業）を用いて，再度，擦り合わせを行う．その方法は，ピストンとシリンダに研磨材をつけ，互いに擦り合わせて行う．十分に擦り合わせた後，紙ウエスなどでよく拭くとともに，脱脂洗浄剤あるいはアルコールなどで汚れを拭うとよい．

第5章　模型スターリングエンジンの設計製作と性能評価

（5）　加熱ヘッドおよびシリンダ連結板内部の掃除

加工時についた加熱ヘッドおよびシリンダ連結板内部の切削油や切り屑の除去ならびに脱脂を行う．

（6）　位相角の合わせ方

高温側と低温側の両ピストンに 90 deg の位相角を設けるには，クランク軸に止めネジにより固定されるフライホイールあるいは偏心円板を止めネジを緩めて，回しながら行う．

（7）　ボルトの締め方

連結板にシリンダと加熱ヘッドを固定するボルトは，それほど強く締結する必要はない．強く締めすぎるとパッキンがはみ出て，シール性が悪くなるとともに，ピストンの動きを悪くすることがある．

5.5.3　組立手順

製作した各部品の組立手順を，組立図中の部品番号に従って解説する．

① 　ピストン 7，8 とピストンホルダ 5 ならびにシリンダ 6 とシリンダカバー 1 の接着を行う．はみ出した接着剤は拭い去り，十分乾燥させて固着したことを確認する．

② 　連接棒 13 のベアリング穴にミニチュアベアリングを挿入する．穴とベアリングとの間にガタがある場合は，瞬間接着剤により固定する．その際，接着剤が軌道輪と転動体に付着しないよう十分注意する．

③ 　連結板 9 と加熱ヘッド 2，シリンダ（1，6），そしてパッキン 15 をボルト締めしておく．すなわち，連結板に高温側と低温側のシリンダ，そして加熱ヘッドを固定しておく．ただし，ボルト 24 は締めない．

④ 　ピストンホルダを，接着済みのピストンにベアリング挿入済みの連接棒を固定する．この場合，ピストンピンに相当するボルト上で，連接棒が自由に動けるよう注意する．この確認には，連接棒をピストンに装着した後，ピストンを持ちながら揺すり，連接棒が自由に動くようにピストンピンの締め付けを調整する．

⑤ 　フレーム 10 にミニチュアベアリングを挿入する．

⑥ 　フレームと台座 11 を締結する．

⑦ 　フライホイール 3 にクランクピン 17 を固定する．

⑧ 　偏心円板 4 にクランクピン 17 を固定する．

⑨ 　クランク軸 12 にフライホイール 3 を固定するとともに，フレーム中のベアリングにクランク軸を挿入し，偏心円板 4 も固定する．この際，フライホイールと偏心円板のクランクピンの位置が，90 deg 互いにずれるように調整する．

⑩ 　ピストンならびにシリンダ内部の汚れを，脱脂洗浄材あるいはアルコールにより拭う．

⑪ 　シリンダを装着した連結板を逆さにし，ピストンを挿入する．この場合，ピストンが，シリンダ中を重力により軽く下降することを確認する．動きが固い場合，研磨材を用いてピストンとシリンダの擦り合わせを行う．擦り合わせた後は，研磨材などの汚れを脱脂洗浄材により拭う．

⑫ 　ピストンを装着した連接棒のクランクピン挿入ベアリング部を，フライホイールと偏心円板のクランクピンに挿入する．

⑬ 　⑫項のまま，高温側と低温側の両ピストンを片手で持ちながら，斜めにした連結板に固定されたシリンダに挿入し，そのまま連結板を持ち上げて，フレームに固定

⑭　ボルト 24 を挿入しない状態で，フライホイールを軽く回し，ピストンがスムーズに上下することを確認する．もし，そうでなければ，⑪項に戻る．

⑮　ボルト 24 とそのパッキンを連結板に装着する．

⑯　フライホイールと偏心円板のクランクピンが，互いに 90 deg ずれていることを確認する．その後，加熱ヘッド 2 を横からアルコールランプあるいはガストーチで加熱（アルコールで 1 〜 2 分，ガストーチで数十秒）し，フライホイールを軽く回す．回す方向は，高温側ピストンが低温側ピストンより 90 deg 進んでいる方向になる．もし自力で回転しなければ⑩項に戻る．

5.5.4　試 運 転

エンジンは，一例として図 5.12 に示す作品の加熱ヘッドをアルコールランプなどで加熱し，決められた方向に人為的に回転を与えることにより運転を開始する．回転数が定常状態に達した後，その回転数を測定し，設計回転数と比較する．

もし，エンジンが回転数不足あるいは動かない場合は，その原因として次のようなことが考えられる．

①　ピストンおよびシリンダが汚れ，摩擦を大きくしている．または，割れている．

②　ピストンホルダの膨張でピストンの動きが固くなっている．

③　出力軸の 2 つのベアリングの中心が合っていない．

④　連接棒がフライホイールやピストンホルダに干渉している．

⑤　ベアリングにゴミが入っている．または，無理なはめあいになっている．

⑥　ピストンが加熱ヘッドに頭打ちしている．あるいは，加熱ヘッドやパッキンに当たっている．

⑦　シリンダを取り付けるボルトや連結板内部穴止めボルトが緩く，シリコンゴム製パッキンが有効に働かず，ガス漏れが生じている．

⑧　パッキンがボルトの締めすぎなどで切れたり，傷ついたり，あるいは伸びすぎている．

⑨　シリンダカバーとシリンダの接合が不十分で，ガスが漏れている．

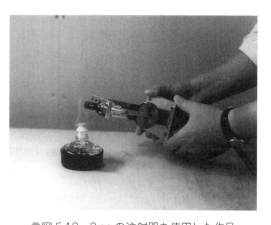

●図 5.12　3 cc の注射器を使用した作品

5.5.5　設計製作エンジン例

　本模型スターリングエンジンは，設計課題として，加熱温度と冷却温度，出力，ピストンの直径とストローク，エンジンの形状（縦置き，横置き，斜め置きなど）について設定でき，いずれの課題でも 5.3 節の設計計算例に則った設計が可能である．実際に学生により設計製作されたエンジンを図 5.13 に示す．本エンジンの製作日数は，概ね 4 ～ 5 日である．

（ａ）　縦型，横型，Ｖ型エンジン

（ｂ）　逆縦型，横型，斜め型エンジン

●図 5.13　設計製作エンジン

5.6　動力測定法

　模型スターリングエンジンは，単純な構造を有しており，比較的容易に設計・製作することができる．しかし，本エンジンの出力は，数～数百 mW と微小であるため，その出力計測が難しく，自ら設計／製作した作品の性能をチェックするのが困難である．

　本節では，簡単に製作できる微小動力測定用の電気動力計を紹介する．また，本動力計を用いて α 形エンジンの性能計測を行い，その特性を述べる．

　動力は，トルクの形で伝導される場合が多い．したがって，動力の測定は，トルクの測定に他ならない．このトルクの測定には，次のような動力計と呼ばれる計器で測定するこ

とができる[3].

（1） 吸収動力計

エンジンの動力を動力吸収装置で吸収し，そのとき発生するトルク反力を直接測って動力を求める.

（2） 反動動力計

エンジンを，回転軸のまわりに自由に揺動できるつり合わせ運転台の上に設置し，そのつり合わせ運転台に働く反動トルクを測定する. すなわち，つり合わせ運転台を通じて，エンジン自身の受ける反力を測って動力を求める.

（3） 伝達動力計

エンジンから他の機械に動力を伝達する途中で，そのねじりトルクを測定し動力を求める.

エンジンの動力測定には，各動力計の中で吸収式がよく使用される. そこで，動力の吸収方法により異なる各種吸収動力計を次に示す.

（1） 固体摩擦動力計（プロニーブレーキ，ロープブレーキ）

固体摩擦力により動力を吸収させる動力計. 固体摩擦力は，横圧力が一定ならば速度に無関係に一定であるので，回転数が変化したとき，それを防止するように制動力が変化しないのが欠点である.

（2） 水動力計（円板，ユンカース，フルード）

水の流動抵抗により動力を吸収させる動力計.

（3） 空気動力計

羽根あるいはプロペラを空気中で回転させる際の抵抗により動力を吸収させる動力計.

土屋ら[4]は，本タイプの動力計（ファンブレーキ）を作成して，模型スターリングエンジンのトルク測定を行っている. 本動力計の使用に際しては，あらかじめファンブレーキの回転数とトルクとの関係を検定する必要がある. ただし，本動力計は負荷調整が困難であるため，広い回転域をカバーすることが難しい.

（4） 電気動力計（直流，交流，うず電流など）

発電機の一種で，回転子をエンジンで回転して得られるエネルギーを電気エネルギーに変換して動力を吸収させる動力計. この場合，固定子は自由に支持され，固定子から伸びた腕によりトルク反力を測定するので，トルクの精密調整が容易である.

ここでは，容易に入手できる小型直流モータを動力吸収装置とした直流電気動力計の概念を用いた微小動力測定用動力計が，簡便な方法で作成されている. すなわち，図5.14に示す直流モータを，励磁電流および負荷抵抗によりトルク調整する，いわゆる直流電気動力計である.

本動力計の直流モータには，CDプレーヤに内蔵されていた低回転でも回転むらの少ない，界磁磁石にフェライト粉末を合成ゴムで結合した複合磁石ならびに3極の電機子コイルを用いた小型モータ（例：パイオニア PEA1233）を利用している. その負荷調整には，抵抗（可変抵抗器）により電流を制御する簡便な方式をとる. 直流モータ（電圧1.5 V時の静止トルク0.77 mN·m，外形寸法ϕ25 mm×18 mm）には，塩ビ板を加工した腕（モータ中心からの長さ$L = 80$ mm）が装着され，電子上皿天秤（最小表示0.01 gf）に載せてあるナイフエッジにモータの受ける負荷がかかるようになっている.

得られた電子上皿天秤の読みW〔gf〕は，式（5.6）によりトルクT_q〔mN·m〕に換算する.

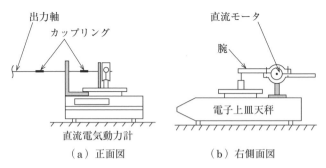

（a）正面図　　　　　　　　　（b）右側面図

●図5.14　微小動力測定用直流電気動力計の概要

$$T_q = W \cdot L = W \times 9.80665 \times \frac{80}{1\,000} \tag{5.6}$$

また，トルク T_q は，エンジン回転数 n〔rpm〕を用いて，式（5.7）により軸出力 L_{net}〔mW〕に換算する．

$$L_{\mathrm{net}} = \frac{T_q \cdot 2\pi n}{60} \tag{5.7}$$

5.7 供試エンジン

　供試エンジンの概要を図5.15に，その仕様を表5.2に示す．同エンジンは5.4節の α 形エンジンの改良形であり，高温側ピストンと低温側ピストンおよびそのシリンダには，注射器（3 cc）の内筒と外筒を使用している．なお，同エンジンには，出力計測用の出力軸が取り付けられている．

　エンジンの加熱には，マイクロシースヒータ（$\phi 1\,\mathrm{mm} \times 500\,\mathrm{mm}$）を用いた．本ヒータは，加熱ヘッドに直巻され，その上から断熱材を覆い，周縁への熱漏洩を低減している．冷却は，周縁空気との間での自然空冷方式としている．

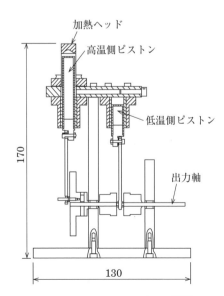

●図5.15　α 形エンジンの概要

▼表5.2　α 形エンジンの仕様

エンジン形式	α 形
作動ガス	大気圧空気
加熱源	マイクロシース電気ヒータ
冷却源	自然空冷
ボア×ストローク 　高温側ピストン 　低温側ピストン	$\phi 10 \times 8$（0.628 cm³） $\phi 10 \times 8$
無効容積比	2.4
位相角	90 deg

5.8 エンジン性能の測定方法

エンジン性能の把握には，動力の測定，すなわちトルクと回転数の測定が不可欠である．しかし，性能の改善を図るためには，エンジンへの熱入力，そして作動ガスの温度と圧力の測定も必要になる．

本節では，トルクとともに回転数，温度，そして圧力の測定について紹介する．

5.8.1 動力の測定

図 5.14 の小型直流電気動力計を用いて，供試エンジンのトルクを測定する．トルク測定の様子を図 5.16 に示す．

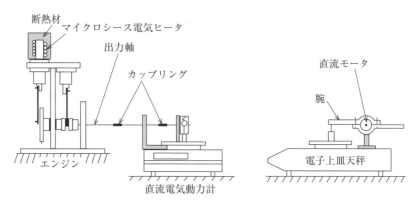

（a）トルク測定の概要

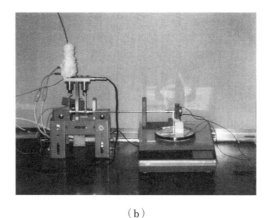

（b）

●図 5.16 トルク測定の様子

5.8.2 回転数の測定

回転数測定には，次の方法がある．

（1） フォトインタラプタを用いた測定

① デスクトップコンピュータによる回転数への変換

フライホイールに装着した突起物を，フォトインタラプタにより検出し，A／D ボードを介して，デスクトップコンピュータにより一定時間の積算処理を行う．

127

②　カウンタによる回転数への変換

フライホイールに装着した突起物をフォトインタラプタにより検出し，カウンタにより一定時間の積算処理を行う．

ところで，カウンタの電気回路は比較的容易に製作できるので，回転数計測用のカウンタ回路を自作するとよい．

（2）　非接触形電子デジタル回転計による測定

フライホイールに装着した反射テープに回転計の検出部を向けて，その回転数を測定する．

（3）　視覚による測定

γ形エンジンのように回転数の低いエンジンでは，ストップウォッチを用いて，一定時間に通過するフライホイールに装着したマークをカウントして測定する．

ここでは，エンジン内作動ガスの圧力データを取り込むことを考え，1 サイクルの外部信号を検出するため，フォトインタラプタにより検出した信号を，デスクトップコンピュータにより処理する方法を選んでいる．

5.8.3　作動空間温度の測定

作動空間温度は，K 形シース熱電対をコンプレッションフィッテイング（例：Swagelock SS-100-1-1）により各空間壁に固定する方法をとる．高温空間温度測定用熱電対は加熱ヘッド上部，そして低温空間温度測定用熱電対は低温側シリンダ上の連結板ポート中央に装着されている．

5.8.4　作動空間圧力の測定と図示出力への換算

シリンダ内圧力は，低温空間圧力を圧力センサ（半導体圧力変換器）により測定した．圧力センサは，シリンダ連結板中のポートをふさぐボルト穴に装着したアダプタに取り付けている．得られた圧力データは，直流増幅器，A／D ボードを介してデスクトップコンピュータにより処理される．なお，1 サイクルの圧力変化は，フライホイールに装着した突起物をフォトインタラプタにより検出することにより得られるクランク角信号とともに取り込まれる．一定回転数 n〔rpm〕下で得られた圧力 P〔Pa〕とクランク角すなわち行程容積 V〔m^3〕との関係は，エンジン形式により異なる式 (5.8) の図示出力 L_i に換算する．

本エンジンの図示出力 L_i は，作動ガスの圧力変化 P，高温側ピストンおよび低温側ピストンの行程容積変化 V_E と V_C，そして回転数 n を用いて，次式により算出する．

$$L_i = \frac{n}{60} \times \left(\oint P \cdot dV_E - \oint P \cdot dV_C \right) \tag{5.8}$$

5.9　エンジン性能測定結果

図 5.17 には，図 5.16 における電子上皿天秤の読み W（0.10 〜 0.61 gf）から得られたトルク T_q〔mN·m〕と軸出力 L_{net}〔mW〕，ならびに圧力データより得られた図示出力 L_i〔mW〕の回転数依存性，ならびに高温空間温度 T_E〔℃〕と低温空間温度 T_C〔℃〕の回転数依存性を示す．エンジン性能測定に当たり，加熱ヘッドに直巻きした電気ヒータへの入力電力 Q_{in} は一定（$Q_{in} = 22\,\mathrm{W}$）とし，冷却部は雰囲気（室温 25℃）との自然空冷状態としている．

図 5.17 によると，本エンジンのトルク T_q は，回転数 $n = 438 \sim 2\,101\,\mathrm{rpm}$ の範囲で得られているが，回転数の増加に伴い急激に減少している．軸出力 L_{net} は 438 〜 1 505 rpm

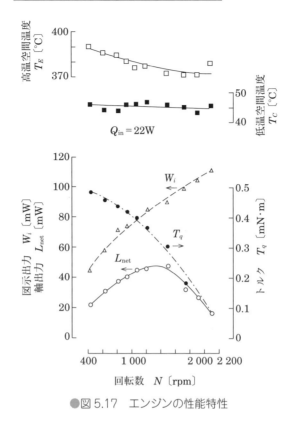

●図 5.17　エンジンの性能特性

の間で増加し，1 505 rpm 時にピーク値があるが，その後減少傾向にある．軸出力の最高値は 48.2 mW である．図示出力 L_i は，回転数の増加とともに増大している．

　最高出力時における正味熱効率 η_{net} （$= L_{net} / Q_{in}$）は 2.2×10^{-3}，そして図示熱効率 η_{ind} （$= L_i / Q_{in}$）は 4.1×10^{-3} と微小であるが，空き缶エンジンより 30 倍程度高い熱効率を示す．これは，空き缶エンジンより作動ガス量が少ないため，4 倍程度高くなった高温空間温度ならびに少ない流動抵抗による回転数増加が主因であろう．ところで，機械効率 η_m （$= L_{net} / W_i$）は，438 rpm 時に 0.50 であるが，回転数の増加に伴い増加し，1 079 rpm 時には 0.57 の最高値が得られている．しかし，さらなる回転数の増加は機械効率を急激に減少させ，2 101 rpm 時には 0.15 しか得られていない．一方，作動ガスのサイクル平均温度は，低温空間では 45℃ 程度，そして高温空間では 380℃ 程度である．

　この結果は，回転数の増加に伴い，ピストンとシリンダ間でのシール性がある程度よくなるとともに，回転数の増加も出力増加を誘起することを示す．しかし，その後のさらなる回転数の増加に伴い，作動ガスの流動抵抗や機械損失の急激な増加が誘起され，出力にピーク値が出現した後，急激に出力を低下させている．

5.10　実験結果と理論計算結果との性能比較

　最高性能時の P-V 線図ならびに図示仕事について，実験結果と 3.4 節のシュミット理論を用いたシミュレーション結果との比較を紹介する．

　回転数 1 222 rpm 時における P（圧力）-V（行程容積）線図の測定結果を図 5.18，シミュレーション結果を図 5.19 に示す．また，膨張空間（高温空間）と圧縮空間（低温空間），

そして全空間の3空間における図示仕事の実験値と理論値の比較を表5.3に示す.

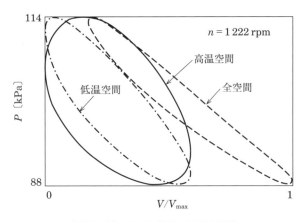

●図5.18　P-V線図（実験結果）

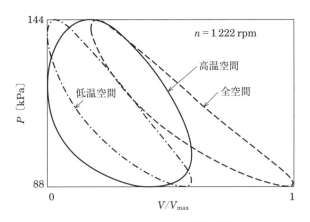

●図5.19　P-V線図（計算結果）

▼表5.3　各空間仕事の比較

$n = 1\,222\,\text{rpm}$

仕事 mJ （mW）	膨張空間 （高温側）	圧縮空間 （低温側）	全空間
実験値	10.7 mJ (218 mW)	− 6.5 mJ (− 132 mW)	4.2 mJ (86 mW)
理論値	24.2 mJ (493 mW)	− 12.2 mJ (− 248 mW)	12.0 mJ (244 mW)

　図5.18は回転数1 222 rpm時のシリンダ内圧力変化および容積変化より得られている.
横軸は無次元行程容積 $V/V_{\max}$（$V_{\max}$：全行程容積＝1.073 cm³），縦軸は圧力 P を表す.
図5.19には回転数1 222 rpm時の作動空間温度データを用いてシミュレーションした P-V
線図を示す. シミュレーションには，作動空間各部の温度をおのおの一定とするシュミッ
ト理論を使用し，圧力条件として最低圧力値88 kPaを用いた.
　図5.18と図5.19を比較すると，圧力振幅の理論値が実験値の2倍程度大きい. また，
各作動空間における P-V線図の閉じられた面積の膨らみも，高温空間では理論値のほう

が大きく，低温空間では理論値のほうが小さく，すなわち全空間では理論値のほうが大きくなっている．表 5.3 によると，全空間の仕事は 2.85 倍も理論値が大きい．

　この原因として，模型エンジンでは，ピストンとシリンダ間におけるシール性能に起因する作動ガスの漏れが考えられる．すなわち，これは図 5.18 に示されているように，作動ガスの最低圧力が大気圧より低く，平均サイクル圧力も大気圧以下で作動していることからも理解できる．しかし，この結果は，模型エンジンにおいては避けて通ることのできない問題でもある．

　一方，シュミット理論を用いたシミュレーション方法にも問題がある．しかし，同理論でも模型エンジンの性能予測が可能であることもわかる．

参 考 文 献

［1］　G. Walker: Stirling Engines, p.73, Oxford Univ. Press, 1980
［2］　日立造船情報システム（株）（現（株）NTT データエンジニアリングシステムズ）提供
［3］　伊丹　潔，動力測定，pp.33-45，海文堂，1983
［4］　土屋一雄，牧野秀文，市村浩一，浜井一親：“教育用小型スターリングエンジンの性能評価”，日本機械学会講演論文集，No.930-63，Vol.D，pp.400-401，1993

第 5 章

模型スターリングエンジンの設計製作と性能評価

第6章 スターリングエンジンの用途事例

スターリングエンジンは，今から210年ほど前に発明され，その当時数千台のエンジンが発売されたが，内燃機関の出現によりその姿を消している．オランダ Philips 社は，一度消滅したスターリングエンジンの低振動と低騒音に着目し，1937年より開発を進めるとともに，その技術移転を多くの国々に行ったが，量産化されることはなかった．一方，日本においては，運輸省主導による船舶用スターリングエンジンの研究開発（1976 ～ 1981年），その後の通産省主導による蒸気圧縮式ヒートポンプ駆動ならびに発電機駆動用スターリングエンジンの研究開発（1982 ～ 1987年）が行われたが，実用化に至っていない．

一方，本エンジンは，熱源の多様性，静粛性，排気ガスの清浄性を有する環境に優しいエンジンとして，欧米において開発が継続され，用途開発，フィールド試験，さらには商品化が行われている．特に，エネルギーの有効利用を目的とした家庭用コ・ジェネレーションシステム（CHP），さらには再生可能エネルギーを利用した太陽熱発電システムおよび木質バイオマス燃焼発電システムのフィールド試験ならびに商品化が進められていたが，量産化は進んでいない．ところが，金属の精錬工場での廃熱，残留可燃ガスや余熱，焼却炉での燃焼熱などの廃エネルギーの利用が進められている．

本章においては，実用スターリングエンジンの現状ならびに用途開発事例を紹介し，その将来性を述べる．

6.1 実用スターリングエンジン

実用エンジンは，今まで潜水艦の無給気推進源，ヨットのバッテリ充電用などとしてごくわずかしか利用されていなかった．しかし，家庭用コ・ジェネレーションユニット，太陽熱発電，バイオマス燃焼発電などの分野でフィールド試験のみならず試験販売，さらには商品化が行われ，一部は量産化された．商品化あるいは試験販売された主な実用エンジンを表 6.1 に示す．

図 6.1 に示すオランダ MEC（Microgen Engine Corporation）社の β 形フリーピストンエンジン発電機（アメリカ Sunpower 社から技術移転）は，作動ガスを完全密閉できる構造を有し，運転時の静粛性が極めて高い．その発電出力は 1 kW$_e$ であり，一般家庭のコ・ジェネレーション用として商品化され，一部量産化された．同形式のエンジンには，図 6.2 に示すアメリカ Qnergy 社の γ 形フリーピストンエンジン発電機 PCK-80 があり，石油化学パイプライン網における流量制御，空気圧縮機，金属表面の腐食防止などに必要な電源，鉄道信号の電源，さらには CHP 用として商品化が進められ，既に 1 000 台以上の実績があり，耐久性も 8 万時間に達している．

図 6.3 に示すスウェーデン Cleanergy 社の STIRLING161 エンジンは，α 形 2 気筒単

133

▼表6.1　主な実用エンジンの仕様

国　名	オランダ	アメリカ	スウェーデン	スウェーデン	日本
会社名	MEC	Qnergy	AZELIO (Cleanergy)	Kockums	ヤンマーe スター
機種名	V1 LFPSE	PCK-80	STIRLING161	V4-275R Mk Ⅲ	SE220-100C
熱　源	都市ガスなど	多種	多種	多種	多種
発電出力	1 kWe	7.5 kWe	9.5 kWe	60 kWe（NOR）	9.9 kWe
軸出力			12 kW	75 kW	
発電端効率	26%	28%	24%		25%
熱効率			30%	38%	
回転数	50 Hz（リニア）	50 Hz（リニア）	1 500 rpm	2 000 rpm	800 rpm
作動ガス	ヘリウム	ヘリウム	ヘリウム	ヘリウム	ヘリウム
平均圧力	3 MPa	6 MPa	15 MPa	13.5 MPa	2.8 MPa
形　式	β 形 フリーピストン	γ 形 フリーピストン	α 形 V2 気筒単動 クランク	V4 気筒複動 クランク	β 形 スコッチ・ヨーク
行程容積	不明	不明	160 cm^3	4×275 cm^3	2850 / 2470 cm^3
重　量	49 kg （含発電機）	110 kg （含発電機）	460 kg （含発電機）	約 800 kg	1 400 kg
主な用途	CHP, 木質バイオマス発電など	メタン発電, CHP, 畜糞バイオガス発電など	CHP, 太陽熱発電など	潜水艦, 廃棄可燃ガス発電, CHP など	各種廃熱利用発電

加熱部
冷却部
発電機
電力

●図6.1　MEC 社の 1 kWe 級フリーピストンエンジン発電機の断面と外観 [1]

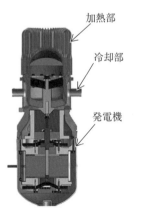

加熱部
冷却部
発電機
電力

●図6.2　Qnergy 社の 7 kWe 級フリーピストンエンジン発電機の断面と外観 [2]

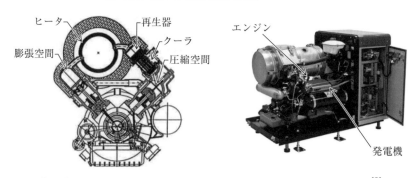

●図6.3　Cleanergy社の10 kWₑ級エンジン発電機の断面と外観[3]

動クランクエンジンであり，その出力軸により発電機を駆動するエンジン発電機である．作動ガスには，15 MPaのヘリウムを用い，膨張（高温）空間温度650℃において，発電出力9.5 kWₑ（発電端効率24%）が得られる．本エンジンは，コ・ジェネレーション，太陽熱発電，ポータブル発電機などの用途に利用された．なお，本エンジン技術は2018年にスウェーデンAZELIO社に移転され，図6.4に示す溶融アルミ合金を蓄熱材（600℃，165 kWh）として利用する加熱方法に変更され，13時間にわたり，11 〜 13 kWₑの発電量と23 〜 25 kWₜₕの供給熱量を得ることができる．

●図6.4　AZELIO社の溶融アルミ合金を用いた10 kWₑ級エンジン発電機[4]

　図6.5に示すスウェーデンKockums社のV4-275R Mk Ⅲエンジンは，作動ガスに13.5 MPaのヘリウムを用い，75 kWの軸出力が得られる．その熱効率は38%であるが，作動ガスに水素を用いることも可能で，その際の熱効率は41%に達する．同エンジンは，少なくても100数台が製造され，日本の防衛省にも納入され，潜水艦10艦に供されている．なお，Kockums社は，V4-275R Mk Ⅲエンジンと同形式ではあるが，出力の異なる30 kWₑ級の4-95エンジンも供給し，太陽熱発電，ポータブル発電機，コ・ジェネレーションなどの用途に供された．さらには，新たな試みとして精錬所における廃棄可燃ガスを熱源とする14基の同エンジン発電機を連携した発電システムにも供している．

　図6.6に示すヤンマーeスターSE220-100Cエンジンは，β形スコッチ・ヨークエンジンであり，その出力軸により発電機を駆動するエンジン発電機である．作動ガスには2.8 MPaのヘリウムを用い，ヒータ温度750℃にて発電出力10 kWₑ（発電端効率25%）が得られる．本エンジンは，各種廃熱利用発電の用途に利用されている．

第6章　スターリングエンジンの用途事例

●図 6.5　Kockums 社の常用発電出力 60 kWe エンジン発電機の断面と外観[5]

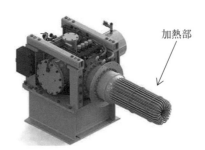

加熱部

●図 6.6　ヤンマー e スターの 10 kWe 級エンジン発電機[6]

6.2　マイクロ CHP（Combined Heat and Power）ユニット

　イギリス，オランダをはじめとするヨーロッパでは，都市ガスを燃料とした一般家庭向け CHP ユニットへの期待が高まり，ニュージーランド WhisperTech 社の 4 気筒複動エンジン発電機，アメリカ Infinia（前 STC）社のフリーピストンエンジン発電機，そしてアメリカ Sunpower 社のフリーピストンエンジン発電機などを用いた発電出力 0.85 ～ 1.2 kWe，熱供給量 6 ～ 8 kWth（給湯温度 60℃）の CHP ユニットについてフィールド試験を実施し一部商品化も行った．特に，オランダ MEC 社（前イギリス MEC UK）は，図 6.1 に示す 1 kWe 級フリーピストンエンジン発電機の量産化と CHP ユニットの開発を進め，2005 年よりフィールド試験を行った．一例として，図 6.7 に示す CHP ユニット（発電量 1 kWe，熱供給量 6 kWth，総合効率 92%，W480×D480×H900 mm，重量 120 kg）を商品化し，同社の協力企業であるドイツ Viessmann 社，オランダ Remeha 社，イギリス BAXI 社などによりヨーロッパにおいて 2010 年に投入され，既に 10 000 台以上出荷した．このエンジンの生産は，中国 MEC China にて行われ，すでに 14 000 台以上の実績があるとのことである．

　図 6.8 に Qnergy 社の PCK-80 エンジンを用いた CHP ユニットを示す．同ユニットは，既に商品化されており，天然ガスや LPG を燃料として発電出力 3 ～ 7.2 kWe，暖房給湯への最大熱供給量 43 kWth が得られる．その総合効率は 95 ～ 99% に達するとともに 6 万時間以上のメンテナンスフリーを実現している．なお，スターリングエンジンを用いた CHP ユニットの場合，発生する発電量と供給熱量のバランスを考えると，給湯・暖房などとして多量に熱供給が必要な熱需要型に向いている．

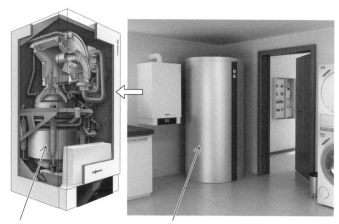

スターリングエンジン発電機　　　貯湯槽

●図6.7　Viessmann 社の家庭用 CHP，Vitotwin 300-W [7]

●図6.8　Qnergy 社の発電出力 7 kWₑ 級 CHP システム [8]

6.3　太陽熱発電システム

　古くはアメリカ SES 社により反射鏡（0.91 × 1.22 m）89 枚からなる放物面集光器により太陽熱を受熱部（レシーバ）の開口部（アパーチャ）ϕ20 cm からスウェーデン Kockums 社 4-95 エンジン（作動ガス：水素）のヒータ管壁に集熱し，その管壁を 810℃ に直接加熱することによりエンジンが動作し，発電を行った．同システム 1 基の発電出力は 25 kWₑ，そのシステム効率は 27％とのことであった．使用した Kockums 社 4-95 エンジンは，表 6.1 にある同社 V4-275 RMkⅢ エンジン（軸出力 75 kW）と同型式であるが，軸出力 30 kW 程に小型化されている．また，ドイツにおいても表 6.1 の STIRLING161 エンジンを用いた発電出力 9.5 kWₑ（発電端効率 24％）のシステムが開発されスペインにおいて実証試験が行われた．

　その後，アメリカでは，図 6.9 に示す Infinia 社により直径 4.7 m のパラボラ集光装置の焦点に 3 kWₑ 級フリーピストンスターリングエンジン発電機を設置した太陽熱発電システムが開発された．同システムは図 6.10 に示すように，2013 年に Tooele 陸軍基地に 430 基（総発電量 1.5 MWₑ）設置され，予定された発電量が得られたものの太陽電池との競合により商品化の計画がストップした．

第6章

スターリングエンジンの用途事例

●図6.9　焦点に設置されたエンジン発電機[9]　　●図6.10　Tooele陸軍基地の太陽熱発電システム[9]

図6.11には，2015年にUAEドバイのデモパークに10基設置されたスウェーデンCleanergy社（現AZELIO社）の10 kW$_e$級発電システムを示す．その放物面鏡部の直径はϕ8.5 m，集熱部アパーチャ径は14 cm，使用したエンジンは表6.1および図6.3に示すSTIRLING161エンジンである．フィールド試験の結果，直達日射量900 W/m^{2}の地にて1基13 kW$_e$の電力を得ている．同システムは，2012年に中国の内モンゴルにも10基設置されている．

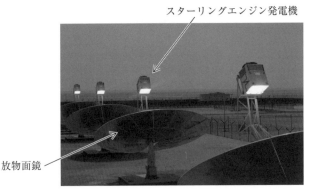

スターリングエンジン発電機

放物面鏡

●図6.11　UAEドバイに設置した太陽熱発電システム[10]

6.4　バイオマス燃焼発電システム

地球温暖化対策の一つとして，木質バイオマスを燃料としたスターリングエンジン発電機の用途開発が欧米で盛んである．古くはオーストリアBIOS Bioenergiesysteme社により発生熱量300 kWの木質チップボイラに，デンマークStirling Denmark社の35 kW$_e$級4気筒複動エンジン発電機を取り付けたシステムが開発された．同システムは，バイオマス燃焼熱量291 kW$_{th}$がエコノマイザ側146 kW$_{th}$とスターリングエンジン側140 kW$_{th}$に分離され，エンジン発電機により35 kW$_e$の電力を得るとともに，エンジン廃熱のうち105 kW$_{th}$ならびにエコノマイザ側110 kW$_{th}$の合計215 kW$_{th}$を熱回収していた．その際の総合効率は86％ほどであった．

オーストリアのÖkoFEN社は，同社の木質ペレットボイラにスターリングエンジン発電機を搭載したCHPユニットを製造販売している．図6.12には同社の小型木質ペレットボイラの燃焼室上部に図6.1のMECのエンジン発電機を取り付け，発電量0.6 kW$_e$と

熱供給量 9 kW$_{th}$（最大 13 kW$_{th}$）を得ている．その際の総合効率は 70 ～ 90％とのことである．同社は，図 6.2 の Qnergy 社のエンジン発電機を搭載したユニットも構築し，発電量 4.5 kW$_e$ と熱供給量 55 kW$_{th}$ を得ている．

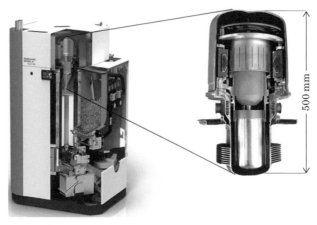

●図 6.12　ÖkoFEN 社の MEC エンジン搭載木質ペレットボイラ[11]

　日本のサクション瓦斯機関製作所では，200 ～ 300℃の廃熱を熱源とする 1 kW$_e$ ならびに 10 kW$_e$ の α^+ 形エンジンの開発を行った．図 6.13 に，大阪万博公園内に設置されていた同社の 1 kW$_e$ 級エンジン用いた木質バイオマス燃焼による給湯発電システムを示す．その熱源には同公園内の剪定枝などを給湯用ボイラに投入し，その燃焼熱の一部を熱媒体を介してエンジンの加熱部を間接的に加熱し，給湯とともに 0.7 ～ 0.8 kW$_e$ 程度の発電も行っていた[12]．

　同社が 2014 年南相馬市大町地域交流センターの防災エネルギーシステムとして設置した 10 kW$_e$ 級エンジン発電機（W920 × D478 × H959 mm）を図 6.14 に示す．同エンジンは 180 kW$_{th}$ 木質チップボイラの燃焼ガス流路に設けた熱媒加熱器により熱媒油を 300℃に加熱し，熱媒ラインを経由してエンジンの加熱ヘッドを介して作動ガスにその熱を授与する．その結果，加熱温度 300℃，冷却温度 30℃にて 10 kW$_e$ の発電量（熱効率 15％）が得られる．なお，燃焼ガスは熱媒加熱器を経て温水を加熱する．得られた温水は，地域交流センターの暖房ならびに吸収冷房機の熱源と給湯に利用される．

スターリングエンジン

木質バイオマスボイラ

●図 6.13　サクション瓦斯機関製作所の 1 kW$_e$ エンジンを用いた給湯発電システム[12]

●図 6.14　SG-2 10 kW$_e$ 級間接加熱式低温度差型スターリングエンジン発電機[13]

第6章　スターリングエンジンの用途事例

6.5 将来性

　スターリングエンジンは，これまで特殊用途での利用が主であったため量産されることは少なく，その高価格と操作性が普及を妨げていた．しかし，地球温暖化防止の高まりとともに，エネルギーの有効利用，再生可能エネルギーなどを目的に，スターリングエンジンを用いたマイクロCHPユニット，太陽熱発電システム，そして木質バイオマス燃焼発電システムの実用化が行われ，一部ではその商品化そして導入が開始されたが，十分な量産化には至っていない．

　1章1.1節⑧でも述べたように，その信頼性よりメタンガスなどの熱源のある遠隔地における発電システム，廃棄可燃ガスが排出される精錬工場や製油所，一度埋め立てされたゴミの処分場から発生するランドフィルガス，中型ディーゼルエンジン発電機の廃熱，各種焼却炉の廃熱，木質バイオマス燃焼熱，家畜糞尿から発生するメタンガスなどでの利用が進められている．

　一方，本エンジンの優れた特徴である多種熱源利用の可能性は，200 ～ 300℃程度の廃熱や液体窒素，液体水素などの冷熱，さらには災害時の可燃材（薪，木質ペレット，廃材木など）の利用にも広がる．一例として，図6.15に百瀬機械設計の開発した200W$_e$級のエンジン発電機を薪ストーブに搭載した様子を示す．薪ストーブの燃焼熱は400 ～ 500℃であり，150 W$_e$級の非常用発電システムになっている．

　このように，スターリングエンジンの将来は，他の各種エンジンならびに太陽電池や燃料電池などのエネルギー変換機器と競合しない熱源を対象とした用途分野において広がる可能性がある．

スターリング
エンジン発電機

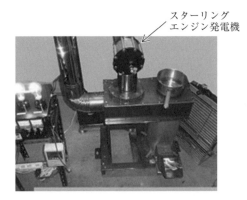

●図6.15　百瀬機械設計の0.2 kW$_e$エンジンを用いた薪ストーブ発電[14]

参 考 文 献

［1］　https://www.microgen-engine.com/（2023）
［2］　https://qnergy.com（2023）
［3］　http://cleanergy.com
　　　https://www.inno4sd.net/Stirling-engine-technology-265（2023）
［4］　https://www.azelio.com/the-solution/technology（2023）
［5］　http//gentleseas.blogspot.com/2018/11/kockums-mark-5-stirling-engine-for-a26.htmlKockums社カタログ 2005

［6］ M. Kitazaki, K. Yuzaki and T. Akazawa: "Development of Zero Emission Generating System "Stirling Engine"", YANMAR Technical Review, 2017
https://www.yanmar.com/media/news/2021/07/02045800/stirling_engines_catalog.pdf

［7］ https://www.microgen-engine.com/（2023）
Remeha Micro-CHP Boiler eVita (Natural Gas)

［8］ https://qnergy.com（2023）
https://simonsgreenenergy.com.au/wp-content/uploads/2014/10/SGE-Qnergy-FA- OWRES.pdf

［9］ https://helioscsp.com/tag/infinia/（2023）

［10］ Martin Nilsson,Jakob Jamot and Tommy Malm: "Operational data and thermodynamic modeling of a Stirling-dish demonstration installation in desert conditions", AIP Publishing, Vol. 1850, Issue 1, 27 June 2017

［11］ https://www.oekofen.com/en-gb/pellematic-condens_e/（2023）
Pellets, solar & stirling engine generator | ÖkoFEN myEnergy365（oekofen.com）

［12］ 竹内誠：「小規模木質バイオマス発電の実現による地球温暖化防止と持続的森林保全への試み」，技術革新と社会変革，Vol.2，No.1，p.19-28，2009

［13］ 竹内誠：「南相馬市に納入した α^+ 型スターリングエンジン―木質チップボイラーと間接加熱スターリングエンジンによるパッシブジェネレーション―」，日本機械学会スターリングサイクルシンポジウム講演論文集，Vol.17，p.3-6，2014

［14］ https://www.katch.ne.jp/~momosemd/（2016）

第6章　スターリングエンジンの用途事例

付1.1　空き缶エンジン

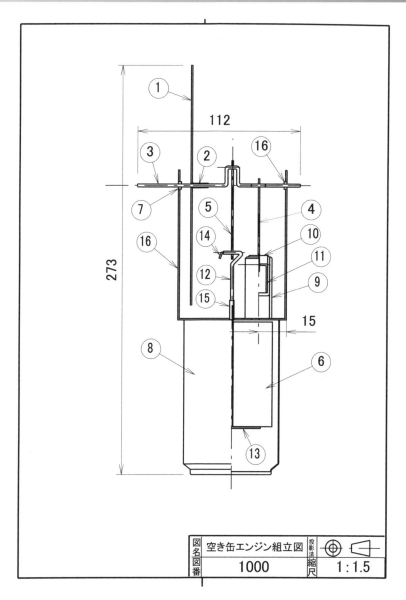

図名	空き缶エンジン組立図	投影法	縮尺	
図番	1000		1 : 1.5	

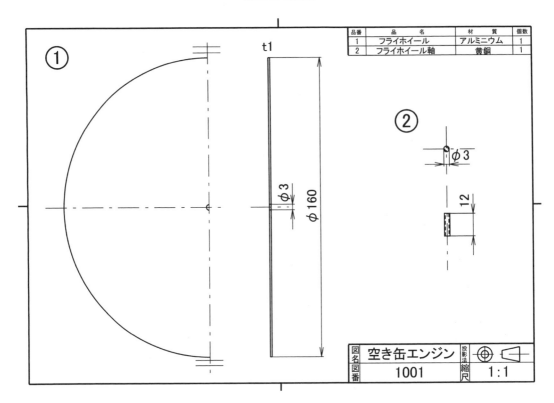

品番	品　　名	材　　質	個数
1	フライホイール	アルミニウム	1
2	フライホイール軸	黄銅	1

図名	空き缶エンジン	投影法	⊕ ◁
図番	1001	縮尺	1:1

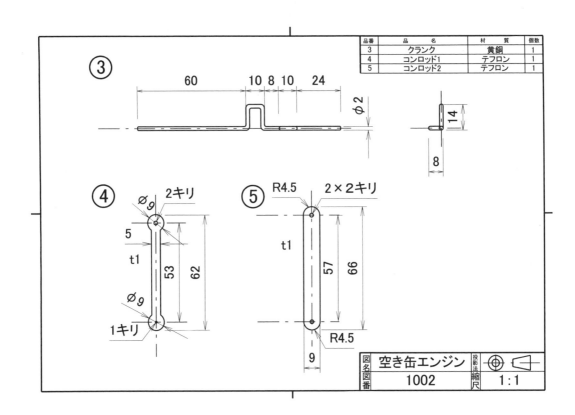

品番	品　　名	材　　質	個数
3	クランク	黄銅	1
4	コンロッド1	テフロン	1
5	コンロッド2	テフロン	1

図名	空き缶エンジン	投影法	⊕ ◁
図番	1002	縮尺	1:1

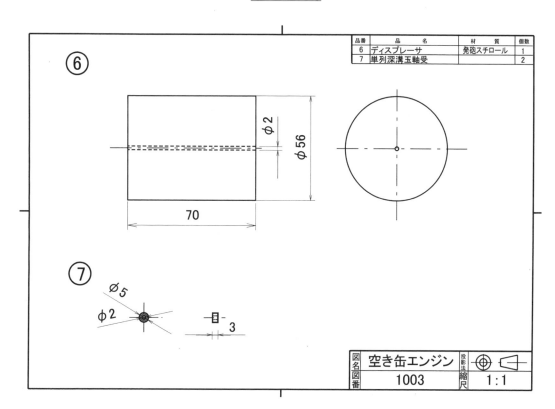

品番	品　　名	材　　質	個数
6	ディスプレーサ	発砲スチロール	1
7	単列深溝玉軸受		2

⑥

$\phi 2$
$\phi 56$
70

⑦
$\phi 5$
$\phi 2$
3

図名	空き缶エンジン	投影法		
図番	1003	縮尺	1:1	

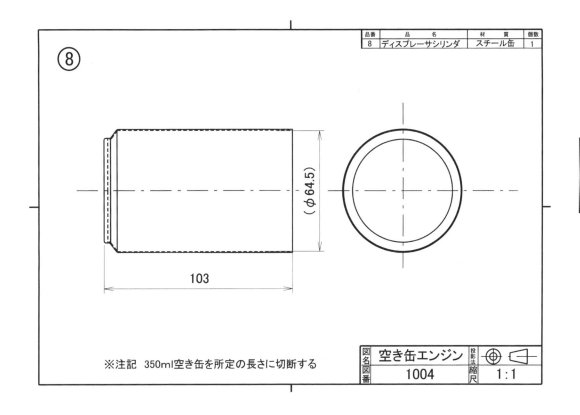

品番	品　　名	材　　質	個数
8	ディスプレーサシリンダ	スチール缶	1

⑧

($\phi 64.5$)
103

※注記　350ml空き缶を所定の長さに切断する

図名	空き缶エンジン	投影法		
図番	1004	縮尺	1:1	

付

録

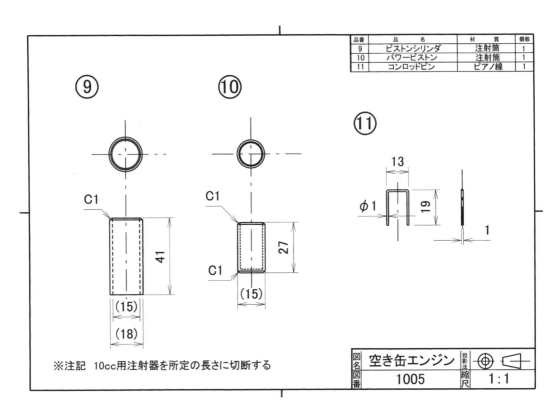

品番	品　　名	材　質	個数
9	ピストンシリンダ	注射筒	1
10	パワーピストン	注射筒	1
11	コンロッドピン	ピアノ線	1

※注記　10cc用注射器を所定の長さに切断する

図名	空き缶エンジン	投影法		
図番	1005	縮尺	1：1	

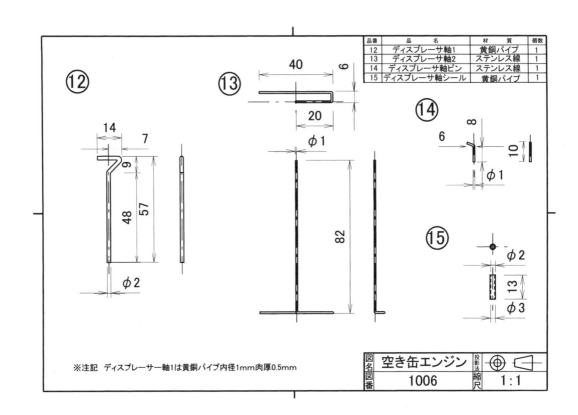

品番	品　　名	材　質	個数
12	ディスプレーサ軸1	黄銅パイプ	1
13	ディスプレーサ軸2	ステンレス線	1
14	ディスプレーサ軸ピン	ステンレス線	1
15	ディスプレーサ軸シール	黄銅パイプ	1

※注記　ディスプレーサー軸1は黄銅パイプ内径1mm肉厚0.5mm

図名	空き缶エンジン	投影法		
図番	1006	縮尺	1：1	

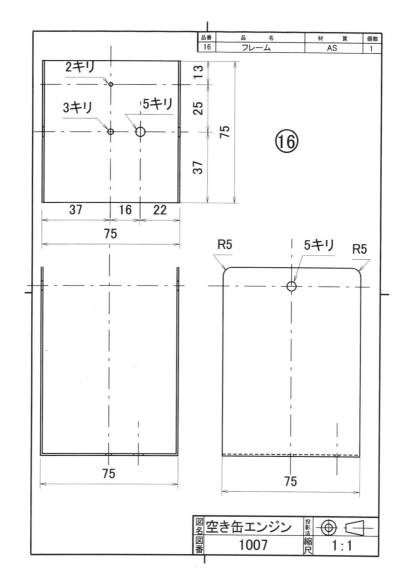

付1.2　α型スターリングエンジン

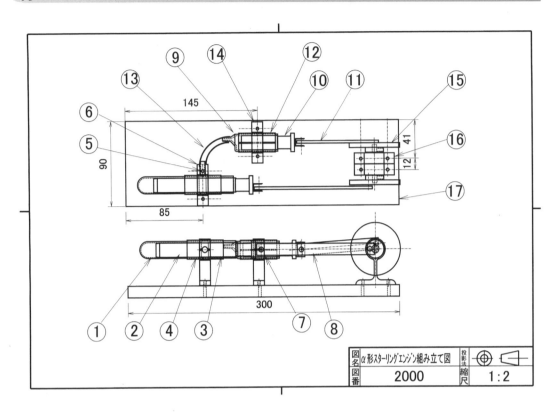

図名	α形スターリングエンジン組み立て図	投影法		
図番	2000	縮尺	1:2	

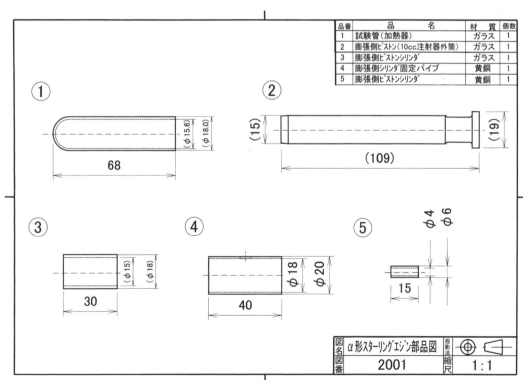

品番	品　　　　名	材質	個数
1	試験管（加熱器）	ガラス	1
2	膨張側ピストン（10cc注射器外筒）	ガラス	1
3	膨張側ピストンシリンダ	ガラス	1
4	膨張側シリンダ固定パイプ	黄銅	1
5	膨張側ピストンシリンダ	黄銅	1

図名	α形スターリングエンジン部品図	投影法		
図番	2001	縮尺	1:1	

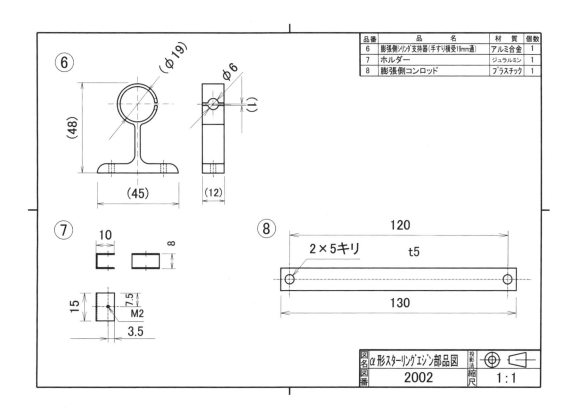

品番	品　　　名	材　質	個数
6	膨張側シリンダ支持器(手すり横受19mm通)	アルミ合金	1
7	ホルダー	ジュラルミン	1
8	膨張側コンロッド	プラスチック	1

図名	α形スターリングエンジン部品図	投影法		
図番	2002	縮尺	1:1	

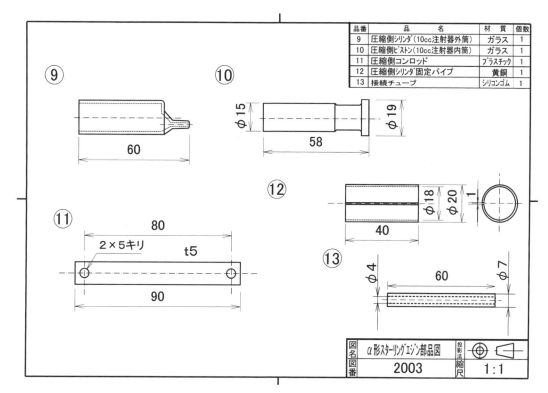

品番	品　　　名	材　質	個数
9	圧縮側シリンダ(10cc注射器外筒)	ガラス	1
10	圧縮側ピストン(10cc注射器内筒)	ガラス	1
11	圧縮側コンロッド	プラスチック	1
12	圧縮側シリンダ固定パイプ	黄銅	1
13	接続チューブ	シリコンゴム	1

図名	α形スターリングエンジン部品図	投影法		
図番	2003	縮尺	1:1	

付

録

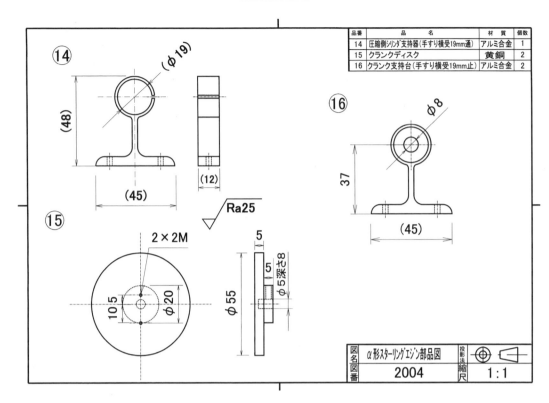

品番	品　　名	材質	個数
14	圧縮側シリンダ支持器（手すり横受19mm通）	アルミ合金	1
15	クランクディスク	黄銅	2
16	クランク支持台（手すり横受19mm止）	アルミ合金	2

図名	α形スターリングエンジン部品図	投影法	
図番	2004	縮尺	1:1

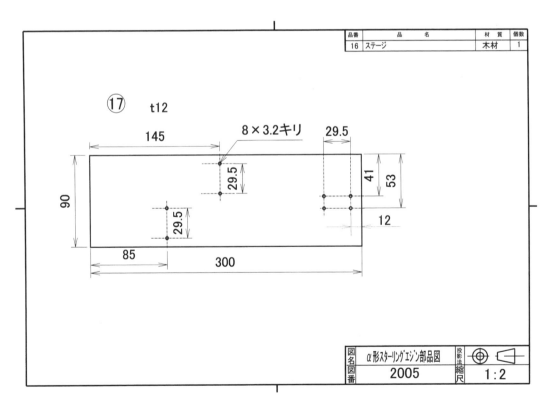

品番	品　　名	材質	個数
16	ステージ	木材	1

図名	α形スターリングエンジン部品図	投影法	
図番	2005	縮尺	1:2

付１．３　　実験用試験管エンジン

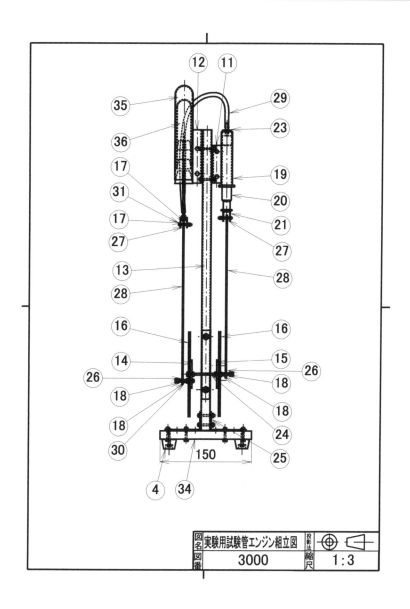

図名	実験用試験管エンジン組立図	投影法	⊕ ◁
図番	3000	縮尺	1：3

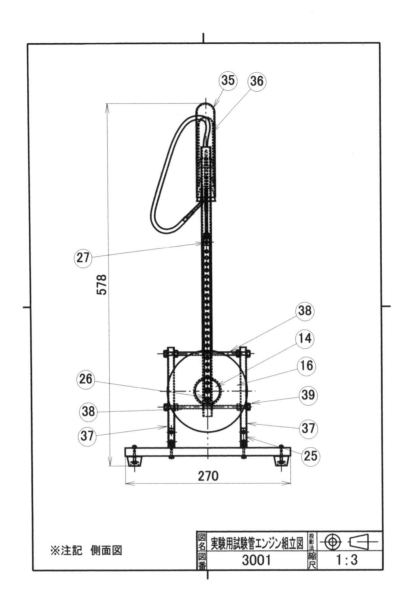

※注記　側面図

図名	実験用試験管エンジン組立図	投影法	⊕	◁
図番	3001	縮尺	1:3	

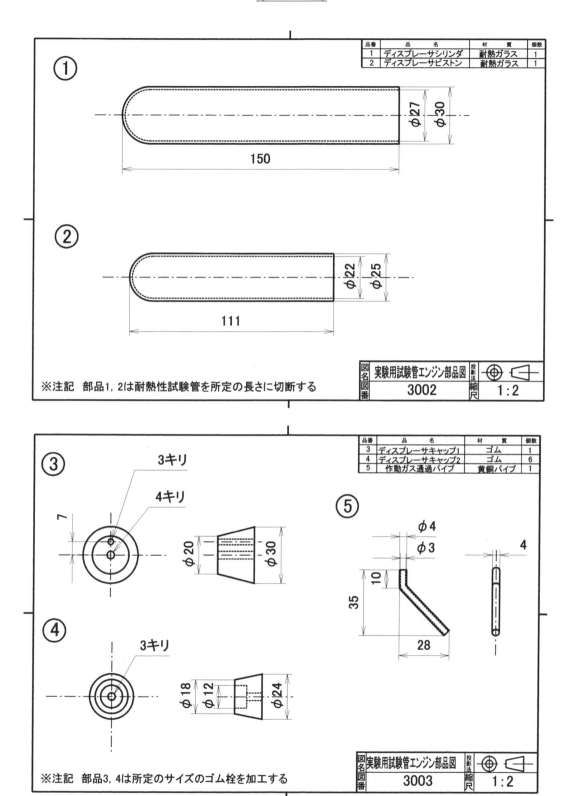

品番	品　　　名	材　　質	個数
1	ディスプレーサシリンダ	耐熱ガラス	1
2	ディスプレーサピストン	耐熱ガラス	1

① φ27 φ30 150

② φ22 φ25 111

※注記　部品1, 2は耐熱性試験管を所定の長さに切断する

図名	実験用試験管エンジン部品図	投影法		
図番	3002	縮尺	1:2	

品番	品　　　名	材　　質	個数
3	ディスプレーサキャップ1	ゴム	1
4	ディスプレーサキャップ2	ゴム	6
5	作動ガス通過パイプ	黄銅パイプ	1

③ 3キリ 4キリ 7 φ20 φ30

⑤ φ4 φ3 4 35 10 28

④ 3キリ φ18 φ12 φ24

※注記　部品3, 4は所定のサイズのゴム栓を加工する

図名	実験用試験管エンジン部品図	投影法		
図番	3003	縮尺	1:2	

付
録

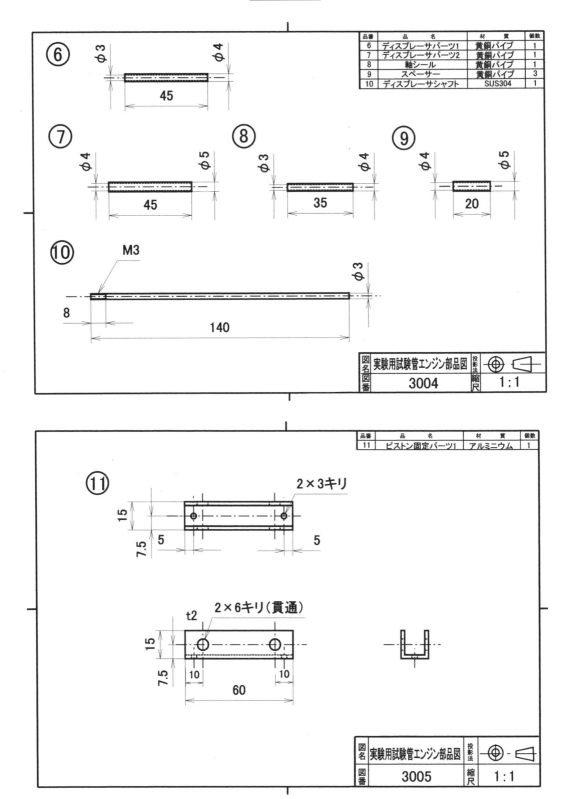

品番	品　　名	材　質	個数
6	ディスプレーサパーツ1	黄銅パイプ	1
7	ディスプレーサパーツ2	黄銅パイプ	1
8	軸シール	黄銅パイプ	1
9	スペーサー	黄銅パイプ	3
10	ディスプレーサシャフト	SUS304	1

図名	実験用試験管エンジン部品図	投影法	
図番	3004	縮尺	1:1

品番	品　　名	材　質	個数
11	ピストン固定パーツ1	アルミニウム	1

図名	実験用試験管エンジン部品図	投影法	
図番	3005	縮尺	1:1

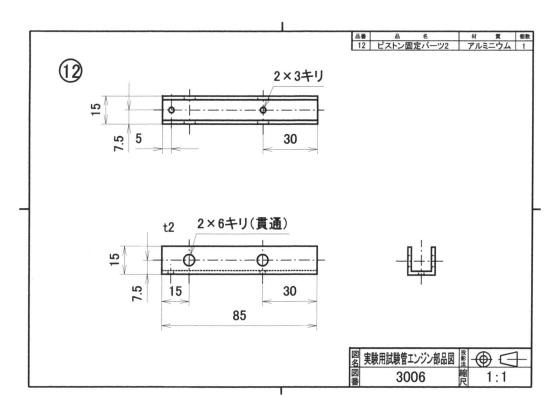

品番	品　　　　名	材　　質	個数
12	ピストン固定パーツ2	アルミニウム	1

2×3キリ

15
7.5
5
30

t2　2×6キリ（貫通）

15
7.5
15
30
85

図名	実験用試験管エンジン部品図	投影法			
図番	3006	縮尺	1：1		

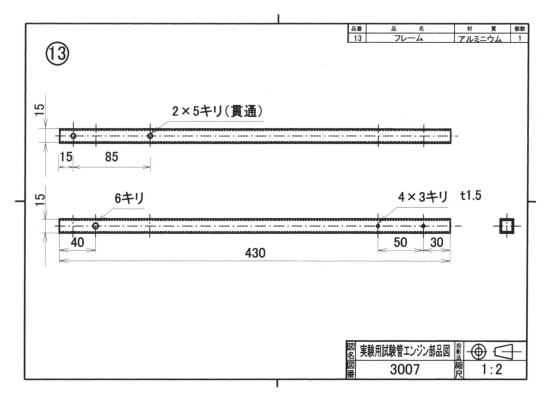

品番	品　　　　名	材　　質	個数
13	フレーム	アルミニウム	1

2×5キリ（貫通）

15
15
85

6キリ

4×3キリ　t1.5

15
40
430
50
30

図名	実験用試験管エンジン部品図	投影法			
図番	3007	縮尺	1：2		

付

録

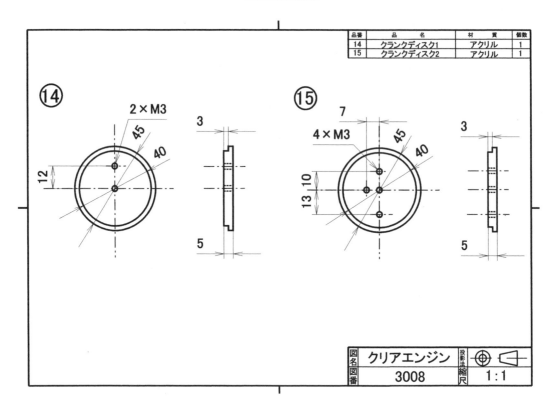

品番	品　　　名	材　　質	個数
14	クランクディスク1	アクリル	1
15	クランクディスク2	アクリル	1

図名	クリアエンジン		
図番	3008	縮尺	1:1

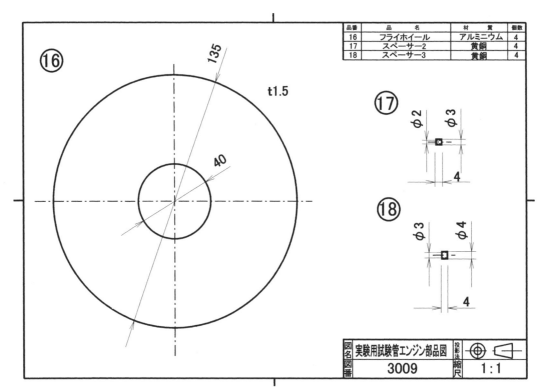

品番	品　　　名	材　　質	個数
16	フライホイール	アルミニウム	4
17	スペーサー2	黄銅	4
18	スペーサー3	黄銅	4

図名	実験用試験管エンジン部品図		
図番	3009	縮尺	1:1

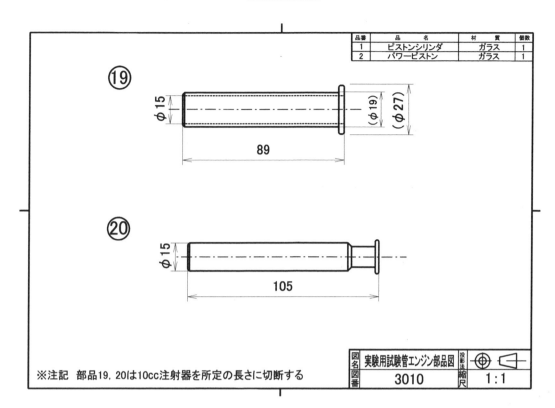

品番	品　　名	材　　質	個数
1	ピストンシリンダ	ガラス	1
2	パワーピストン	ガラス	1

※注記　部品19, 20は10cc注射器を所定の長さに切断する

図名	実験用試験管エンジン部品図		
図番	3010	縮尺	1:1

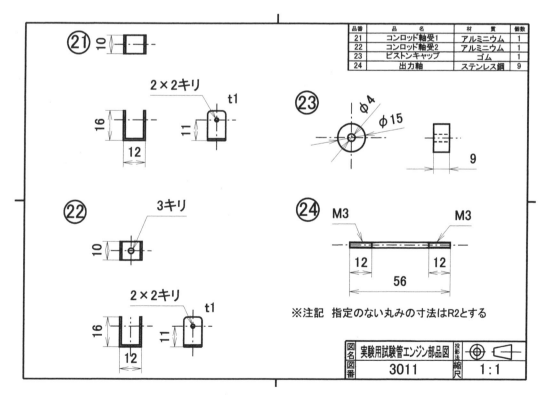

品番	品　　名	材　　質	個数
21	コンロッド軸受1	アルミニウム	1
22	コンロッド軸受2	アルミニウム	1
23	ピストンキャップ	ゴム	1
24	出力軸	ステンレス鋼	9

※注記　指定のない丸みの寸法はR2とする

図名	実験用試験管エンジン部品図		
図番	3011	縮尺	1:1

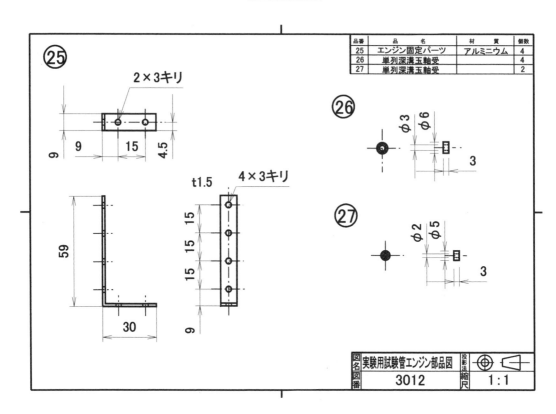

品番	品　　名	材　質	個数
25	エンジン固定パーツ	アルミニウム	4
26	単列深溝玉軸受		4
27	単列深溝玉軸受		2

図名	実験用試験管エンジン部品図	投影法		
図番	3012	縮尺	1:1	

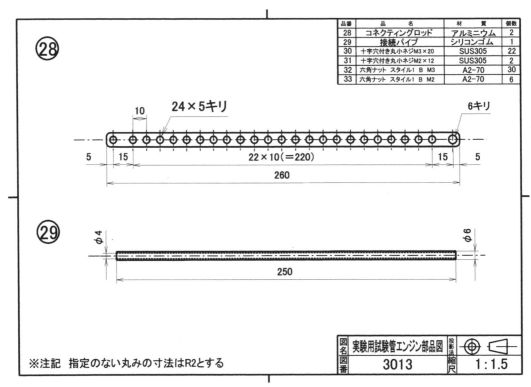

品番	品　　名	材　質	個数
28	コネクティングロッド	アルミニウム	2
29	接続パイプ	シリコンゴム	1
30	十字穴付き丸小ネジM3×20	SUS305	22
31	十字穴付き丸小ネジM2×12	SUS305	2
32	六角ナット スタイル1 B M3	A2-70	30
33	六角ナット スタイル1 B M2	A2-70	6

※注記　指定のない丸みの寸法はR2とする

図名	実験用試験管エンジン部品図	投影法		
図番	3013	縮尺	1:1.5	

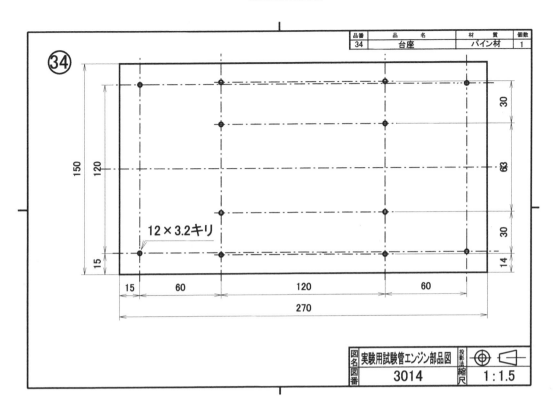

㉞

品番	品　名	材　質	個数
34	台座	パイン材	1

12×3.2キリ

図名	実験用試験管エンジン部品図	投影法		
図番	3014	縮尺	1：1.5	

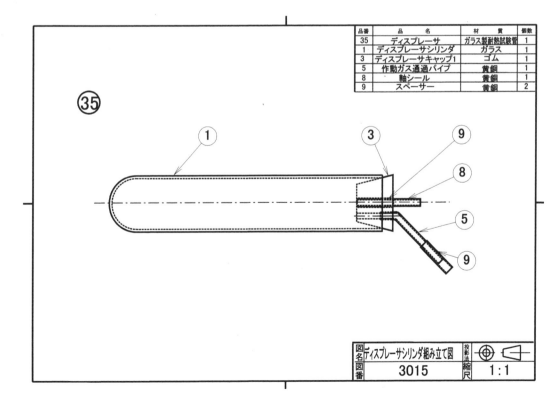

㉟

品番	品　名	材　質	個数
35	ディスプレーサ	ガラス製耐熱試験管	1
1	ディスプレーサシリンダ	ガラス	1
3	ディスプレーサキャップ1	ゴム	1
5	作動ガス通過パイプ	黄銅	1
8	軸シール	黄銅	1
9	スペーサー	黄銅	2

図名	ディスプレーサシリンダ組み立て図	投影法		
図番	3015	縮尺	1：1	

付

録

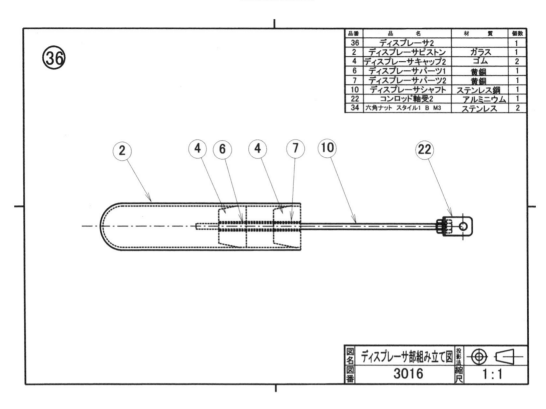

品番	品　　名	材　質	個数
36	ディスプレーサ2		1
2	ディスプレーサピストン	ガラス	1
4	ディスプレーサキャップ2	ゴム	2
6	ディスプレーサパーツ1	黄銅	1
7	ディスプレーサパーツ2	黄銅	1
10	ディスプレーサシャフト	ステンレス鋼	1
22	コンロッド軸受2	アルミニウム	1
34	六角ナット スタイル1 B M3	ステンレス	2

図名	ディスプレーサ部組み立て図	投影法	
図番	3016	縮尺	1:1

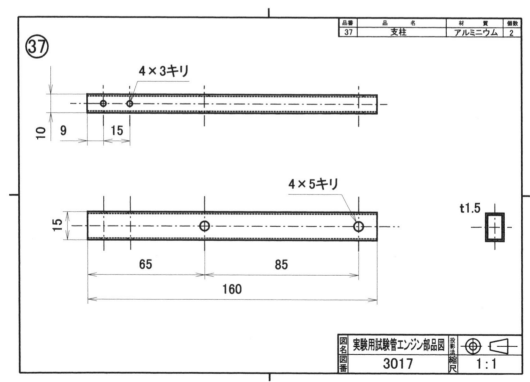

品番	品　名	材　質	個数
37	支柱	アルミニウム	2

4×3キリ

4×5キリ

t1.5

図名	実験用試験管エンジン部品図	投影法	
図番	3017	縮尺	1:1

品番	品　　　名	材　　質	個数
38	支柱2	ステンレス鋼	2
39	六角ナット　スタイル1　B　M5	A2-70	1

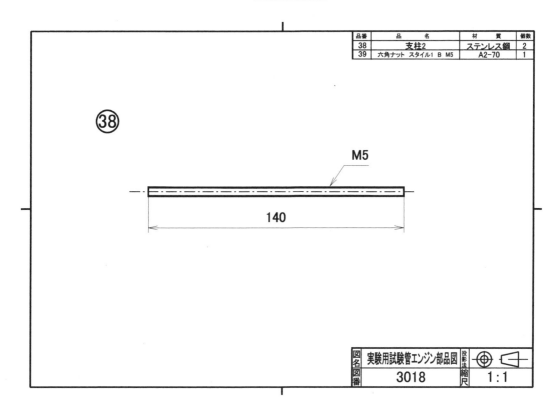

㊳

M5

140

図名	実験用試験管エンジン部品図	投影法	⊕ ◁
図番	3018	縮尺	1:1

付
録

提供：翼工業株式会社

〒116-0003　東京都荒川区南千住3丁目11－3

TEL　03-3807-5151

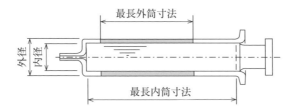

単位　mm

規　格	容　量	外　径	内　径	最長外筒寸法	最長内筒寸法
N	2cc	12.5	9.5	36.0	52.0
N	3cc	12.8	10.1	45.0	60.0
N	5cc	15.5	12.4	50.0	68.0
I	10cc	18.4	15.0	70.0	89.0
N/2	20cc	23.0	18.9	83.0	105.0
N	30cc	27.3	22.6	85.0	111.0
N	50cc	32.7	27.5	90.0	123.0
N/2	50cc	30.7	25.3	105.0	142.0
N	100cc	41.6	35.7	110.0	145.0

提供：日本精工株式会社

メートル系　単列深溝玉軸受

600 形
MR 形
内径 1～4 mm

開放形

シールド形 ZZ・ZZ1

シール形

d	D	B	B₁	r (min)	r₁ (min)	C_r (N)	C_{or} (N)	C_r (kgf)	C_{or} (kgf)	グリース潤滑 (min⁻¹)	油潤滑 (min⁻¹)	呼び番号 開放形	シールド形 ZZ・ZZ1	シール形	d_a (最小)	D_a (最大)	r_a (最大)	質量 開放形 (g)	質量 シールド・シール形 (g)
1	3	1	—	0.05	—	80	23	8	2.5	130 000	150 000	681	—	—	1.4	2.6	0.05	0.03	—
1	3	1.5	—	0.05	—	80	23	8	2.5	130 000	150 000	MR 31	—	—	1.4	2.6	0.05	0.04	—
1	4	1.6	—	0.1	—	138	35	14	3.5	100 000	120 000	691	—	—	1.8	3.2	0.1	0.09	—
1.2	4	1.8	2.5	0.1	0.1	138	35	14	3.5	110 000	130 000	MR 41 X	MR 41 XZZ	—	2.0	3.2	0.1	0.10	0.14
1.5	4	1.2	2	0.05	0.05	112	33	11	3.5	100 000	120 000	681 X	681 XZZ	—	1.9	3.6	0.05	0.07	0.11
1.5	5	2	2.6	0.15	0.15	237	69	24	7	85 000	100 000	691 X	691 XZZ	—	2.5	4.3	0.15	0.17	0.20
1.5	6	2.5	3	0.15	0.15	330	98	34	10	75 000	90 000	601 X	601 XZZ	—	2.7	5.4	0.15	0.33	0.38
2	5	1.5	2.3	0.08	0.08	169	50	17	5	85 000	100 000	682	682 ZZ	—	2.7	4.2	0.08	0.12	0.17
2	5	2	2.5	0.1	0.1	187	58	19	6	85 000	100 000	MR 52 B	MR 52 BZZ	—	2.7	4.2	0.1	0.16	0.23
2	6	2.3	3	0.15	0.15	330	98	34	10	75 000	90 000	692	692 ZZ	—	3.0	5.4	0.15	0.28	0.38
2	6	2.5	—	0.15	0.15	330	98	34	10	75 000	90 000	MR 62	MR 62 ZZ	—	3.2	5.4	0.15	0.30	0.38
2	7	2.5	—	0.15	0.15	385	127	39	13	63 000	75 000	MR 72	MR 72 ZZ	—	3.2	5.8	0.15	0.45	0.49
2	7	2.8	—	0.15	0.15	385	127	39	13	63 000	75 000	602	602 ZZ	—	3.2	5.8	0.15	0.51	0.58
2.5	6	1.8	2.6	0.08	0.08	208	74	21	7.5	71 000	80 000	682 X	682 XZZ	—	3.1	5.4	0.08	0.23	0.29
2.5	6	2.5	3.5	0.15	0.15	385	127	39	13	63 000	75 000	692 X	692 XZZ	—	3.7	5.8	0.15	0.41	0.55
2.5	7	2.5	—	0.2	0.2	560	179	57	18	60 000	71 000	MR 82 X	—	—	3.7	6.4	0.2	0.56	—
2.5	8	2.8	4	0.15	0.15	550	175	56	18	60 000	67 000	602 X	602 XZZ	—	3.7	7.0	0.15	0.63	0.83
3	6	2	2.5	0.1	0.1	208	74	21	7.5	71 000	80 000	MR 63	MR 63 ZZ	—	3.8	5.4	0.1	0.20	0.27
3	7	2	3	0.1	0.1	390	130	40	13	63 000	75 000	683 A	683 AZZ	—	4.0	6.4	0.1	0.32	0.45
3	8	2.5	—	0.15	0.15	560	179	57	18	56 000	67 000	MR 83	—	—	4.2	6.8	0.15	0.54	—
3	8	3	4	0.15	0.15	560	179	57	18	56 000	67 000	693	693 ZZ	—	4.3	7.3	0.15	0.61	0.83
3	9	3	4	0.2	0.2	570	187	58	19	56 000	67 000	MR 93	MR 93 ZZ	—	4.3	7.9	0.2	0.73	1.18
3	9	3	5	0.15	0.15	570	187	58	19	56 000	67 000	603	603 ZZ	—	4.3	7.9	0.15	0.87	1.45
3	10	4	—	0.15	0.15	630	218	64	22	50 000	60 000	623	623 ZZ	—	4.6	8.8	0.15	1.65	1.66
3	13	5	—	0.2	0.2	1 300	485	133	49	40 000	48 000	633	633 ZZ	—	6.0	11.4	0.2	3.38	3.33
4	7	2	—	0.1	0.1	310	115	32	12	60 000	67 000	MR 74	MR 74 ZZ	—	4.8	6.2	0.1	0.22	—
4	8	2	2.5	0.15	0.15	255	107	26	11	60 000	71 000	MR 84	MR 84 ZZ	—	5.2	7.4	0.15	0.36	0.29
4	9	2.5	4	0.15	(0.15)	395	139	40	14	56 000	67 000	684 A	684 AZZ	—	5.2	8.2	0.15	0.63	0.56
4	10	3	4	0.2	0.2	640	225	65	23	53 000	63 000	MR104 B	MR104 BZZ	—	5.6	8.4	0.2	1.01	1.04
4	11	4	—	0.15	0.15	710	270	73	28	50 000	60 000	694	694 ZZ	—	5.6	9.8	0.15	1.42	1.75
4	12	4	—	0.2	0.2	960	345	98	35	48 000	56 000	604	604 ZZ	—	5.6	10.4	0.2	1.70	2.25
4	13	5	—	0.2	0.2	1 300	485	133	49	40 000	48 000	624	624 ZZ	—	6.0	11.4	0.2	3.03	3.04
4	16	5	—	0.3	0.3	1 730	670	177	68	36 000	43 000	634	634 ZZ1	—	7.5	14.0	0.3	5.24	5.21

注 (1) （ ）内の値は、JIS B 1521に準じていない。
外径、内径の実寸法を示す。

備考　1. シールド形軸受を外輪回転でご使用の際は、NSK にご相談ください。
　　　2. 両シール形の許容回転数は、片シール形の値と同じである。なお、シール形軸受も製造している。

メートル系　単列深溝玉軸受

600 形 / MR 形　内径 5～9 mm

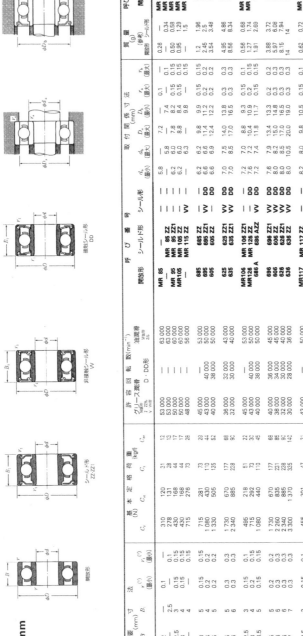

（開放形・シール形 ZZ・ZZ1・VV・DD の各断面図）

d	呼び番号 開放形	呼び番号 シール形	D (mm)	B (mm)	B₁ (mm)	r (min)	C_r (N)	C_r (kgf)	C_{0r} (kgf)	許容回転数 グリース潤滑 (min⁻¹)	許容回転数 油潤滑 (min⁻¹)	質量 開放形 (g)	質量 シール形 (g)
5	MR 85	—	8	2	2.5	0.1	310	31	12	53 000	63 000	0.26	—
	MR 95	MR 95 ZZ	9	2.5	3	0.15	278	28	13	53 000	63 000	0.50	0.34
	MR 105	MR 105 ZZ	10	3	4	0.15	430	44	17	50 000	60 000	0.95	0.58
	MR 115	MR 115 ZZ	11	3	4	0.15	430	44	17	50 000	60 000	—	1.29
	685	685 ZZ	11	3	5	0.15	715	73	28	48 000	56 000	1.2	1.96
	695	695 ZZ	13	4	5	0.2	1 080	110	52	43 000	50 000	2.45	2.5
	605	605 ZZ	14	5	5	0.2	1 330	135	68	40 000	50 000	3.54	3.48
	625	625 ZZ	16	5	5	0.3	1 730	177	90	36 000	43 000	4.95	4.86
	635	635 ZZ	19	6	6	0.3	2 340	238	110	32 000	40 000	8.56	8.34
6	MR 106	MR 106 ZZ	10	2.5	3	0.1	485	51	22	45 000	53 000	0.56	0.68
	MR 126	MR 126 ZZ	12	3	4	0.15	715	73	28	43 000	50 000	1.27	1.74
	686 A	686 AZZ	13	3.5	5	0.15	1 080	110	45	40 000	50 000	1.91	2.69
	696	696 ZZ	15	5	5	0.2	1 730	177	68	36 000	45 000	3.88	3.72
	606	606 ZZ	17	6	6	0.3	2 260	231	85	32 000	40 000	5.97	6.08
	626	626 ZZ	19	6	6	0.3	3 300	335	90	28 000	40 000	8.15	7.94
	636	636 ZZ	22	7	7	0.3	3 300	335	140	28 000	36 000	14	14
7	MR 117	MR 117 ZZ	11	2.5	3	0.1	455	47	20	43 000	50 000	0.62	0.72
	MR 137	MR 137 ZZ	13	3	4	0.15	540	55	24	40 000	48 000	1.58	2.02
	687	687 ZZ	14	3.5	5	0.15	1 170	120	68	36 000	45 000	2.13	2.97
	697	697 ZZ	17	5	5	0.3	1 610	164	73	28 000	43 000	5.26	5.12
	607	607 ZZ	19	6	6	0.3	2 340	238	95	32 000	43 000	7.67	7.51
	627	627 ZZ	22	7	7	0.3	3 300	335	140	28 000	36 000	12.7	12.9
	637	637 ZZ	26	9	9	0.3	4 550	465	201	22 000	34 000	24	25
8	MR 128	MR 128 ZZ	12	2.5	3.5	0.1	545	56	21	40 000	48 000	0.71	0.97
	MR 148	MR 148 ZZ	14	3.5	4	0.15	820	83	28	38 000	45 000	1.86	2.16
	688 A	688 AZZ1	16	4	5	0.2	1 610	184	73	36 000	43 000	3.12	4.02
	698	698 ZZ	19	6	6	0.3	2 240	228	93	36 000	43 000	7.23	7.18
	608	608 ZZ	22	7	7	0.3	3 300	335	140	34 000	40 000	12.1	12.2
	628	628 ZZ	24	8	8	0.3	3 350	340	146	28 000	34 000	17.2	17.4
	638	638 ZZ	28	9	9	0.3	4 550	485	201	28 000	34 000	28.3	28.6
9	689	689 ZZ	17	4	5	0.2	1 330	136	68	36 000	43 000	3.53	4.43
	699	699 ZZ	20	6	6	0.3	1 720	175	86	34 000	40 000	8.45	8.33
	609	609 ZZ	24	7	7	0.3	3 350	340	146	24 000	38 000	14.5	14.7
	629	629 ZZ	26	8	8	0.3	4 550	485	201	24 000	34 000	19.5	19.3
	639	639 ZZ	30	10	10	0.6	5 100	520	244	24 000	30 000	36.5	36

注 (1) （ ）内の数値は、JIS B 1521 に基づいていない。
(2) 外径、内径の実寸法を示す。

備考 1. シール形軸受を外輪回転でご使用の際には、NSK にご相談ください。
2. 両シール形の配置されている製品について、ドシール形軸受も製造している。
3. 止め輪付き軸受も製作しているので、NSK にご相談ください。

F600 形
MF 形
内径 1～4 mm

開放形

シールド形
ZZ·ZZ1

							(最小)	(最小)					開放形 Z·ZZ他	両型水 ZZ他				(最小)	(最大)	(最大)	(最大)	開放形	シールド形	
1	3	3.8	—	1	—	0.3	—	0.05	—	80	23	8	2.5	130 000	150 000	F 681	—	—	—	1.4	—	0.05	—	0.04	—	F 681
	4	5	—	1.6	—	0.5	—	0.1	—	138	35	14	3.5	100 000	120 000	F 691	—	—	—	1.8	—	0.1	—	0.14	—	F 691
1.2	4	4.8	—	1.8	—	0.4	—	0.1	—	138	35	14	3.5	110 000	130 000	MF 41 X	—	—	—	2.0	—	0.1	—	0.12	—	MF 41 X
1.5	4	5	5	1.2	2	0.4	0.6	0.05	0.05	112	33	11	3.5	100 000	120 000	F 681 X	F 681 XZZ	—	—	1.9	2.1	0.05	0.05	0.09	0.14	F 681 X
	5	6.5	6.5	1.2	2.6	0.6	0.8	0.15	0.15	237	69	24	7	85 000	100 000	F 691 X	F 691 XZZ	—	—	2.7	2.5	0.15	0.15	0.21	0.28	F 691 X
	6	7.5	7.5	2.5	3	0.6	0.8	0.15	0.15	330	98	34	10	75 000	90 000	F 601 X	F 601 XZZ	—	—	2.7	3.0	0.15	0.15	0.42	0.52	F 601 X
2	5	6.1	6.1	1.5	2.3	0.5	0.6	0.08	0.08	169	50	17	5	85 000	100 000	F 682	F 682 ZZ	—	—	2.6	2.7	0.08	0.08	0.16	0.22	F 682
	5	6.2	6.2	2	2.5	0.6	0.6	0.1	0.1	187	58	19	6	85 000	100 000	MF 52 B	MF 52 BZZ	—	—	2.8	2.7	0.1	0.1	0.21	0.27	MF 52 B
	6	7.5	7.5	2.3	3	0.6	0.8	0.15	0.15	330	98	34	10	75 000	90 000	F 692	F 692 ZZ	—	—	3.2	3.0	0.15	0.15	0.35	0.48	F 692
	6	7.2	—	2.5	—	0.6	—	0.15	—	330	98	34	10	75 000	90 000	MF 62	—	—	—	3.2	—	0.15	—	0.36	—	MF 62
	7	8.2	8.2	2.5	3	0.6	0.6	0.15	0.15	385	127	39	13	63 000	75 000	MF 72	MF 72 ZZ	—	—	3.2	3.8	0.15	0.15	0.52	0.56	MF 72
	7	8.5	8.5	2.8	3.5	0.7	0.9	0.15	0.15	385	127	39	13	63 000	75 000	F 602	F 602 ZZ	—	—	3.2	3.8	0.15	0.15	0.60	0.71	F 602
2.5	6	7.1	7.1	1.8	2.6	0.5	0.8	0.08	0.08	208	74	21	7.5	71 000	80 000	F 682 X	F 682 XZZ	—	—	3.1	3.7	0.08	0.08	0.25	0.36	F 682 X
	7	8.5	8.5	2.5	3.5	0.7	0.9	0.15	0.15	385	127	39	13	63 000	67 000	F 692 X	F 692 XZZ	—	—	3.7	3.8	0.15	0.15	0.51	0.68	F 692 X
	8	9.2	—	2.5	—	0.6	—	0.2	—	560	175	57	18	60 000	71 000	MF 82 X	—	—	—	4.1	—	0.2	—	0.62	—	MF 82 X
	8	9.5	9.5	2.8	4	0.7	0.9	0.15	0.15	550	175	56	18	60 000	71 000	F 602 X	F 602 XZZ	—	—	3.7	4.1	0.15	0.15	0.74	0.98	F 602 X
3	6	7.2	7.2	2	2.5	0.6	0.6	0.1	0.1	208	74	21	7.5	71 000	80 000	MF 63	MF 63 ZZ	—	—	3.8	3.7	0.1	0.1	0.27	0.33	MF 63
	7	8.1	8.1	2	3	0.5	0.8	0.1	0.1	390	130	40	13	63 000	75 000	F 683 A	F 683 AZZ	—	—	3.8	4.0	0.1	0.1	0.37	0.53	F 683 A
	8	9.2	—	2.5	—	0.6	—	0.15	—	560	179	57	18	60 000	67 000	MF 83	—	—	—	4.2	—	0.15	—	0.56	—	MF 83
	8	9.5	9.5	3	4	0.7	0.9	0.15	0.15	560	179	57	18	60 000	67 000	F 693	F 693 ZZ	—	—	4.2	4.3	0.15	0.15	0.70	0.97	F 693
	9	10.2	10.6	2.5	4	0.6	0.8	0.2	0.15	570	187	58	19	56 000	67 000	MF 93	MF 93 ZZ	—	—	4.6	4.3	0.2	0.15	0.81	1.34	MF 93
	9	10.5	10.5	3	5	0.7	1	0.15	0.15	570	187	58	19	56 000	67 000	F 603	F 603 ZZ	—	—	4.2	4.3	0.15	0.15	1.0	1.63	F 603
	10	11.5	11.5	4	4	1	1	0.15	0.15	630	218	64	22	50 000	60 000	F 623	F 623 ZZ	—	—	4.6	5.6	0.15	0.15	1.85	1.86	F 623
	13	15	15	5	5	1	1	0.2	0.2	1 300	485	133	49	36 000	43 000	F 633	F 633 ZZ	—	—	4.6	6.0	0.2	0.2	3.73	3.59	F 633
4	7	8.2	—	2	—	0.6	—	0.1	—	310	115	32	12	60 000	67 000	MF 74	—	—	—	4.8	—	0.1	—	0.29	—	MF 74
	7	—	8.2	—	2.5	—	0.6	—	0.1	255	107	26	11	60 000	71 000	—	MF 74 ZZ	—	—	—	4.8	—	0.1	—	0.35	MF 74
	8	9.2	9.2	2.5	4	0.6	0.6	0.15	0.1	395	139	40	14	56 000	67 000	MF 84	MF 84 ZZ	—	—	5.2	5.0	0.15	0.1	0.44	0.63	MF 84
	9	10.3	10.3	2.5	4	0.6	1	(0.15)	(0.15)	640	225	65	23	53 000	63 000	F 684	F 684 ZZ	—	—	4.8	5.2	0.1	0.1	0.70	1.14	F 684
	10	11.2	11.6	3	4	0.6	0.8	0.2	0.15	710	270	73	28	50 000	60 000	MF 104 B	MF 104 BZZ	—	—	5.6	5.9	0.2	0.15	1.13	1.59	MF 104 B
	11	12.5	12.5	4	4	1	1	0.15	0.15	960	345	98	35	48 000	56 000	F 694	F 694 ZZ	—	—	5.2	5.6	0.15	0.15	1.91	1.96	F 694
	12	13.5	13.5	4	5	1	1	0.2	0.2	960	345	98	35	48 000	56 000	F 604	F 604 ZZ	—	—	5.6	5.6	0.2	0.2	2.53	2.53	F 604
	13	15	15	5	5	1	1	0.2	0.2	1 300	485	133	49	40 000	48 000	F 624	F 624 ZZ	—	—	5.6	6.0	0.2	0.2	3.38	3.53	F 624
	16	18	18	5	5	1	1	0.3	0.3	1 730	670	177	68	36 000	43 000	F 634	F 634 ZZ1	—	—	6.0	7.5	0.3	0.3	5.73	5.65	F 634

注 (¹)　（ ）内の値は，JIS B 1521 に準じていない．
　　(²)　外径，内径の実寸法を示す．
備考　1．シールド軸受を外輪回転でご使用の際には，NSK にご相談ください．
　　　2．両シールド形の記載されている軸受については，片シールド軸受も製造している．

メートル系　フランジ付き単列深溝玉軸受

F600 形
MF 形
内径 5〜9 mm

開放形

シール形 ZZ ZZ1

非接触シール形 VV

接触シール形 DD

d	D	主要寸法 (mm)							基本定格荷重				許容回転数 (min⁻¹)		呼び番号				取付関係寸法 (mm)			質量 (g) 参考		呼び番号 開放形
		D_1	B	B_1	C	C_1	r(min)	r_1(min)	C_r(N)	C_{0r}(N)	C_r(kgf)	C_{0r}(kgf)	グリース潤滑	油潤滑	開放形	ZZ·ZZ1	VV·VVS	DD	d_a(min)	d_b(max)	r_a(max)	開放形	シール形	
5	8	9.2	2	—	—	0.6	0.1	—	310	120	31	12	53 000	63 000	MF 85	MF 85 ZZ	—	—	5.8	5.8	0.1	0.33	—	MF 85
	9	10.2	2.5	2.5	0.6	0.6	0.15	0.15	278	131	28	13	53 000	63 000	MF 95	MF 95 ZZ	—	—	6.2	6.0	0.15	0.59	0.41	MF 95
	10	11.6	3	3	0.8	0.6	0.15	0.15	430	168	44	17	50 000	60 000	MF 105	MF 105 ZZ	—	—	6.2	6.0	0.15	1.05	0.66	MF 105
	11	12.5	3		1		0.15		715	281	73	29	43 000		F 685	F 685 ZZ	—	—	6.6	6.6	0.2	1.37	2.18	F 685
	13	15	4		1		0.2		1 080	430	110	44	43 000	40 000	F 695	F 695 ZZ	—	DD	6.6	6.6	0.2	2.79	2.84	F 695
	14	16	5		1		0.2		1 330	505	135	52	40 000		F 605	F 605 ZZ	—	DD	6.9	6.9	0.2	3.9	3.85	F 605
	16	18	5		1		0.3		1 730	670	177	68	36 000	32 000	F 625	F 625 ZZ1	VV	DD	7.0	7.5	0.3	5.37	5.3	F 625
	19	22	6		1.5		0.3		2 340	885	238	90	32 000	30 000	F 635	F 635 ZZ1	VV	DD	7.0	8.5	0.3	9.49	9.49	F 635
6	10	11.2	2.5		0.6		0.15		495	218	51	22	45 000		MF 106	MF 106 ZZ1	VV	DD	7.2	7.0	0.15	0.65	0.77	MF 106
	13	13.2	3.5		1		0.15		715	292	73	30	43 000	40 000	MF 126	MF 126 ZZ1	—	DD	7.6	7.2	0.2	1.38	1.94	MF 126
	13	15					0.15		1 080	440	110	45	40 000	38 000	F 686 A	F 686 AZZ	VV	DD	7.2	7.4	0.15	2.25	3.04	F 686 A
	15	17	5		1.2		0.2		1 730	670	177	68	40 000	36 000	F 696	F 696 ZZ1	VV	DD	7.6	7.9	0.3	4.34	4.26	F 696
	17	19	6		1.5		0.3		2 260	835	231	85	38 000	30 000	F 606	F 606 ZZ1	VV	DD	8.0	8.2	0.3	6.58	6.61	F 606
	19	22	6		1.5		0.3		2 340	885	238	90	32 000	30 000	F 626	F 626 ZZ1	VV	DD	8.0	8.5	0.3	9.09	9.09	F 626
	22	25	7		1.5		0.3		3 300	1 370	335	140	30 000	28 000	F 636	F 636 ZZ	VV	DD	8.0	10.5	0.3	14.6	14.7	F 636
7	11	12.2	2.5		0.6		0.15		455	201	47	21	43 000		MF 117	MF 117 ZZ	VV	—	8.2	8.0	0.15	0.72	0.82	MF 117
	13	14.2	3.5		0.8		0.15		540	276	55	28	40 000		MF 137	MF 137 ZZ1	—	DD	8.6	8.2	0.2	1.7	2.23	MF 137
	14	16					0.15		1 170	510	120	52	45 000	34 000	F 687	F 687 ZZ	VV	DD	8.2	8.5	0.15	2.48	3.37	F 687
	17	19	5		1.2		0.3		1 610	710	164	73	36 000	28 000	F 697	F 697 ZZ1	VV	DD	9.0	10.2	0.3	5.65	5.65	F 697
	19	22	6		1.5		0.3		2 340	885	238	90	36 000	28 000	F 607	F 607 ZZ	VV	DD	9.0	9.1	0.3	8.66	8.66	F 607
	22	25	7		1.5		0.3		3 300	1 370	335	140	36 000	28 000	F 627	F 627 ZZ	VV	DD	9.0	10.5	0.3	14.2	14.2	F 627
8	12	13.2	2.5		0.6		0.15		545	274	56	29	40 000		MF 128	MF 128 ZZ1	VV	—	9.2	9.0	0.15	0.82	1.15	MF 128
	14	15.6	3.5		0.8		0.2		810	385	83	39	38 000	32 000	MF 148	MF 148 ZZ	—	DD	9.6	9.2	0.2	2.09	2.39	MF 148
	16	18	4		1.1		0.3		1 610	710	164	73	36 000	30 000	F 688 A	F 688 AZZ1	VV	DD	9.6	10.2	0.3	3.54	4.47	F 688 A
	19	22	6		1.5		0.3		2 240	910	228	93	36 000	28 000	F 698	F 698 ZZ	VV	DD	10.0	10.0	0.3	8.35	8.3	F 698
	22	25	7		1.5		0.3		3 300	1 370	335	140	34 000	28 000	F 608	F 608 ZZ1	VV	DD	10.0	10.5	0.3	13.4	13.5	F 608
9	17	19	4		1.1		0.2		1 330	665	136	68	36 000	24 000	F 689	F 689 ZZ1	VV	DD	10.6	11.5	0.2	3.97	4.91	F 689
	20	23	6		1.5		0.3		1 720	840	175	86	34 000	24 000	F 699	F 699 ZZ1	VV	DD	11.0	12.0	0.3	9.51	9.51	F 699

注　(¹)　外径，内径の実寸法を示す．
備考　1. シール付軸受を外輪回転でご使用の際には，NSK にご相談ください．
　　　2. 両シール形の記号が記されている軸受については，片シール形も製造している．

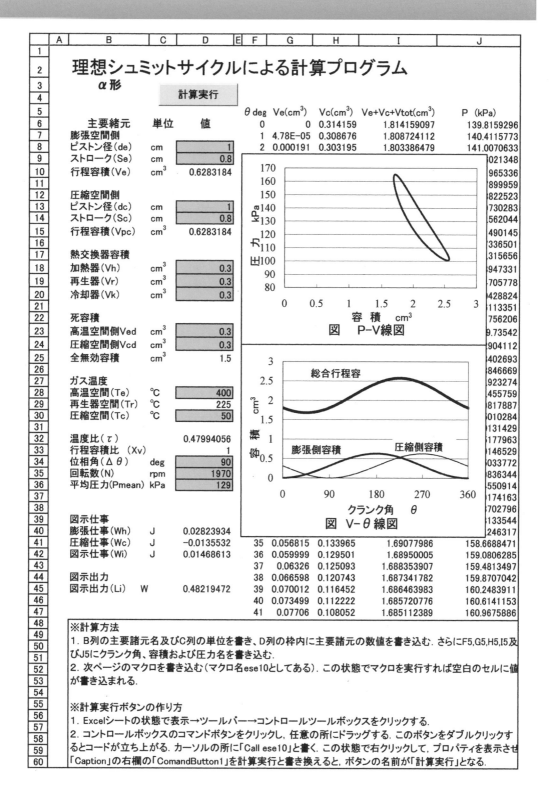

理想シュミットサイクルによる計算プログラム

α形

計算実行

θ deg	Ve(cm³)	Vc(cm³)	Ve+Vc+Vtot(cm³)	P (kPa)
0	0	0.314159	1.814159097	139.8159296
1	4.78E-05	0.308676	1.808724112	140.4115773
2	0.000191	0.303195	1.803386479	141.0070633

主要緒元	単位	値
膨張空間側		
ピストン径(de)	cm	1
ストローク(Se)	cm	0.8
行程容積(Ve)	cm³	0.6283184
圧縮空間側		
ピストン径(dc)	cm	1
ストローク(Sc)	cm	0.8
行程容積(Vpc)	cm³	0.6283184
熱交換器容積		
加熱器(Vh)	cm³	0.3
再生器(Vr)	cm³	0.3
冷却器(Vk)	cm³	0.3
死容積		
高温空間側Ved	cm³	0.3
圧縮空間側Vcd	cm³	0.3
全無効容積	cm³	1.5
ガス温度		
高温空間(Te)	℃	400
再生器空間(Tr)	℃	225
圧縮空間(Tc)	℃	50
温度比(τ)		0.47994056
行程容積比 (Xv)		1
位相角(Δθ)	deg	90
回転数(N)	rpm	1970
平均圧力(Pmean)	kPa	129
図示仕事		
膨張仕事(Wh)	J	0.02823934
圧縮仕事(Wc)	J	−0.0135532
図示仕事(Wi)	J	0.01468613
図示出力		
図示出力(Li)	W	0.48219472

図 P-V線図

図 V-θ線図

35	0.056815	0.133965	1.69077986	158.6688471
36	0.059999	0.129501	1.68950005	159.0806285
37	0.06326	0.125093	1.688353907	159.4813497
38	0.066598	0.120743	1.687341782	159.8707042
39	0.070012	0.116452	1.686463983	160.2483911
40	0.073499	0.112232	1.685720776	160.6141153
41	0.07706	0.108052	1.685112389	160.9675886

※計算方法

1. B列の主要諸元名及びC列の単位を書き、D列の枠内に主要諸元の数値を書き込む. さらにF5,G5,H5,I5及びJ5にクランク角、容積および圧力名を書き込む.

2. 次ページのマクロを書き込む(マクロ名ese10としてある). この状態でマクロを実行すれば空白のセルに値が書き込まれる.

※計算実行ボタンの作り方

1. Excelシートの状態で表示→ツールバー→コントロールツールボックスをクリックする.

2. コントロールボックスのコマンドボタンをクリックし、任意の所にドラッグする. このボタンをダブルクリックするとコードが立ち上がる. カーソルの所に「Call ese10」と書く. この状態で右クリックして、プロパティを表示させ「Caption」の右欄の「CommandButton1」を計算実行と書き換えると, ボタンの名前が「計算実行」となる.

付
録

Module1 - 1

```
Sub ese10()

' ese10 Macro
' マクロ記録日 : 2008/10/13  ユーザー名：戸田
                    Application.Goto Reference:="ese10"
Range("f6").Select                                        '基準セルの設定
 Pi = 3.141592
 ra = Pi / 180
    de = Range("d8")                                      'ピストン径（膨張側）
    Se = Range("d9")                                      'ストローク（膨張側）
    Range("d10").Value = de ^ 2 * Pi * Se / 4            '行程容積（膨張側）
    Vse = Range("d10") * 10 ^ -6                          '膨張側行程容積

    dc = Range("d13")                                     'ピストン径（圧縮側）
    Sc = Range("d14")                                     'ストローク（圧縮側）
    Range("d15").Value = dc ^ 2 * Pi * Sc / 4            '行程容積（圧縮側）
    Vsc = Range("d15") * 10 ^ -6                          '圧縮側行程容積

    Vh = Range("d18") * 10 ^ -6                           '加熱器容積
    Vr = Range("d19") * 10 ^ -6                           '再生器容積
    Vk = Range("d20") * 10 ^ -6                           '冷却器容積

    Vde = Range("d23") * 10 ^ -6                          '高温空間側死容積
    Vdc = Range("d24") * 10 ^ -6                          '圧縮空間側死容積
    Range("d25").Value = (Vh + Vr + Vk + Vde + Vdc) * 10 ^ 6  '無効容積
    Vtot = Range("d25") * 10 ^ -6

    te = Range("d28")                                     '高温空間側ガス温度
    tc = Range("d30")                                     '圧縮空間側ガス温度
    Range("d29").Value = (te + tc) / 2                   '再生器空間ガス温度
    tau = (tc + 273) / (te + 273)                        '温度比

    Range("d32").Value = tau
    Range("d33").Value = Vsc / Vse
    k = Range("d33")                                      '行程容積比
    x = Vtot / Vse
    fa = Range("d34") * ra                               '位相角
    N = Range("d35")                                      '回転数
    Pmean = Range("d36") * 1000                          '平均圧力


'係数
fai = Atn((k * Sin(fa)) / (tau + k * Cos(fa)))
s = tau + ((4 * tau * x) / (1 + tau)) + k
b = Sqr(tau ^ 2 + 2 * tau * k * Cos(fa) + k ^ 2)
MRTc = Pmean * Vse * Sqr(s ^ 2 - b ^ 2)
deruta = b / s

'膨張空間側図示仕事
We = Pmean * Vse * Pi * deruta * Sin(fai) / (1 + Sqr(1 - deruta ^ 2))
'
'圧縮空間側図示仕事
Wc = -Pmean * Vse * Pi * deruta * Sin(fai) * tau / (1 + Sqr(1 - deruta ^ 2))

'図示仕事
'Wi = pmean * vse * Pi * deruta * (1 - tau) * Sin(fai) / (1 + Sqr(1 - deruta ^ 2))
Wi = We + Wc
Li = Wi * N / 60

Range("d40").Value = We                                   '膨張仕事
Range("d41").Value = Wc                                   '圧縮仕事
Range("d42").Value = Wi                                   '図示仕事

Range("d45").Value = Li    '図示出力

'瞬時容積・圧力
 For i = 0 To 360
 ii = i * ra
 Ve = (Vse / 2) * (1 - Cos(ii))                          '膨張空間の瞬時容積
 Vc = (Vsc / 2) * (1 - Cos(ii - fa))                     '圧縮空間の瞬時容積
 p = Pmean * Sqr(s ^ 2 - b ^ 2) / (s - b * Cos(ii - fai))  '瞬時圧力
 ActiveCell.Offset(i, 0).Value = i                       'クランク角（θ）
 ActiveCell.Offset(i, 1).Value = Ve * 10 ^ 6            '膨張行程瞬時容積（Ve）
 ActiveCell.Offset(i, 2).Value = Vc * 10 ^ 6            '圧縮行程瞬時容積（Vc）
 ActiveCell.Offset(i, 3).Value = (Ve + Vc + Vtot) * 10 ^ 6  '総合行程瞬時容積（Ve+Vc+Vtot）
 ActiveCell.Offset(i, 4).Value = p / 1000               '瞬時圧力（P）
 Next i
 End Sub
```

索　引

索
引

索引

〈監修者略歴〉

岩 本 昭 一 （いわもと　しょういち）

　1955 年　早稲田大学理工学部機械工学科卒業
　同　　年　（株）赤阪鉄工所入社
　1968 年　埼玉大学工学部助教授
　1975 年　工学博士（早稲田大学）
　1980 年　ベルリン工科大学内燃機関研究所客員研究員
　　　　　　（旧文部省・在外研究員）
　1985 年　埼玉大学工学部教授
　1998 年　埼玉大学名誉教授

〈著者略歴〉

濱 口 和 洋 （はまぐち　かずひろ）

　1981 年　明治大学大学院工学研究科
　　　　　　博士課程単位取得退学
　1986 年　工学博士（明治大学）
　1989 年　北海道職能開発短期大学校教官，
　　　　　　助教授，教授
　1997 年　明星大学理工学部教授
　2020 年　明星大学名誉教授

戸田富士夫 （とだ　ふじお）

　1977 年　工学院大学工学部機械工学科卒業
　1997 年　博士（工学）埼玉大学
　2000 年　埼玉大学工学部機械工学科文部技
　　　　　　官助手
　2000 年　宇都宮大学教育学部技術教育教室
　　　　　　助教授／教授
　2000 年　埼玉大学非常勤講師
　2003 年　国士舘大学非常勤講師
　2019 年　元宇都宮大学教授

平 田 宏 一 （ひらた　こういち）

　1991 年　埼玉大学工学院理工学研究科
　　　　　　修士課程修了
　1996 年　埼玉大学工学部機械工学科助手
　1998 年　博士（工学）（埼玉大学）
　現　　在　（国研）海上・港湾・航空技術研究
　　　　　　所海上技術安全研究所特別研究主
　　　　　　幹

模型づくりで学ぶ　スターリングエンジン（第 2 版）

2009 年 1 月 10 日　　第 1 版第 1 刷発行
2023 年 12 月 25 日　　第 2 版第 1 刷発行

監 修 者　　岩 本 昭 一
著　　者　　濱 口 和 洋・戸 田 富 士 夫・平 田 宏 一
発 行 者　　村 上 和 夫
発 行 所　　株式会社 オーム社
　　　　　　郵便番号　101-8460
　　　　　　東京都千代田区神田錦町 3-1
　　　　　　電話　03（3233）0641（代表）
　　　　　　URL　https://www.ohmsha.co.jp/

© 岩本昭一・濱口和洋・戸田富士夫・平田宏一 2023

印刷・製本　壮光舎印刷
ISBN978-4-274-23148-3　Printed in Japan

本書の感想募集　https://www.ohmsha.co.jp/kansou/
本書をお読みになった感想を上記サイトまでお寄せください．
お寄せいただいた方には，抽選でプレゼントを差し上げます．